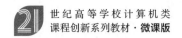
21世纪高等学校计算机类
课程创新系列教材·微课版

MySQL数据库技术与应用教程 微课视频版

杨洋 / 编著

清华大学出版社
北京

内容简介

本书以 MySQL 8.0 为平台，采用"工作过程导向"模式由浅入深地介绍数据库的基础知识、安装和配置 MySQL、学生管理数据库的操作、学生管理数据库数据表的操作、学生管理数据库数据的操作、学生管理数据库的查询、MySQL 编程基础、学生管理数据库的视图与索引、学生管理数据库的存储过程与触发器、备份与还原学生管理数据库、学生管理数据库安全性维护等知识。

本书内容丰富、突出应用、实例众多、步骤明确、讲解细致，具有启发性和综合性，项目主要内容均配备了微课视频，每章还配备了"任务实训营"，可以使读者得到充分的训练，较好地实现学以致用的教学目的。

本书可作为高等学校计算机及相关专业的教材，也可作为职业资格考试或认证考试等各种培训班的培训教材，还可用于读者自学。

本书封面贴有清华大学出版社防伪标签，无标签者不得销售。

版权所有，侵权必究。举报：010-62782989，beiqinquan@tup.tsinghua.edu.cn。

图书在版编目(CIP)数据

MySQL 数据库技术与应用教程：微课视频版/杨洋编著. —北京：清华大学出版社，2023.9
21 世纪高等学校计算机类课程创新系列教材：微课版
ISBN 978-7-302-64154-4

Ⅰ. ①M… Ⅱ. ①杨… Ⅲ. ①SQL 语言－数据库管理系统－高等学校－教材 Ⅳ. ①TP311.132.3

中国国家版本馆 CIP 数据核字(2023)第 131908 号

责任编辑：安　妮　李　燕
封面设计：刘　键
责任校对：郝美丽
责任印制：杨　艳

出版发行：清华大学出版社
网　　址：https://www.tup.com.cn，https://www.wqxuetang.com
地　　址：北京清华大学学研大厦 A 座　　邮　编：100084
社 总 机：010-83470000　　邮　购：010-62786544
投稿与读者服务：010-62776969，c-service@tup.tsinghua.edu.cn
质量反馈：010-62772015，zhiliang@tup.tsinghua.edu.cn
课件下载：https://www.tup.com.cn，010-83470236

印 装 者：三河市天利华印刷装订有限公司
经　　销：全国新华书店
开　　本：185mm×260mm　　印　张：11.75　　字　数：285 千字
版　　次：2023 年 11 月第 1 版　　印　次：2023 年 11 月第 1 次印刷
印　　数：1~1500
定　　价：59.00 元

产品编号：098822-01

前　言

党的二十大报告明确指出："教育、科技、人才是全面建设社会主义现代化国家的基础性、战略性支撑。"坚持教育优先发展、科技自立自强、人才引领驱动，三者既相互融合又各有侧重，必须统筹谋划、协同攻坚，主动适应全面贯彻新发展理念、推动构建新发展格局、推进高质量发展的需要，更好汇聚力量，充分发挥教育、科技、人才的基础性、战略性支撑作用。

MySQL 是最流行的关系数据库管理系统之一，其体积小、速度快、总体拥有成本低，广泛应用于互联网行业的数据存储，尤其是它具备开放源代码的优势，使它迅速成为中小型企业和网站应用的首选数据库，在 Internet 高速发展的信息化时代，建设以数据库为核心的各类信息系统，对提高企业的竞争力与效益、改善部门的管理能力与管理水平具有重要意义，并且越来越多的院校开设 MySQL 数据库相关的课程。基于这样的背景，编者编写了本书，将理论知识与实践技术紧密结合，力求全面地、多方位地、由浅入深地引导读者步入数据库技术领域。

本书将立德树人作为教育的根本任务，是编者根据多年数据库技术教学经验编写而成的，结构完整、内容实用、思路清晰、贴近教学和应用实践、图文并茂、强调技能、重在操作、实例与实训针对性强，使读者能熟练掌握数据库应用的基础知识和技术，提高分析问题、解决问题的能力，提高读者获取计算机新知识、新技术的能力。本书可以作为高等学校计算机及相关专业的教材，也可以作为职业资格考试或认证考试等各种培训班的培训教材，还可用于读者自学。

本书包含 11 个项目，主要包括数据库的基础知识、安装和配置 MySQL、学生管理数据库的操作、学生管理数据库数据表的操作、学生管理数据库数据的操作、学生管理数据库的查询、MySQL 编程基础、学生管理数据库的视图与索引、学生管理数据库的存储过程与触发器、备份与还原学生管理数据库和学生管理数据库安全性维护。

本书的内容组织以关系数据库理论知识为基础，采用项目式教学，每个项目设置了 6 个教学环节，以"任务描述""学习目标""知识准备""任务实施""任务实训营""项目小结"推进学习过程。本书体系完整、可操作性强，以大量的例题对知识点进行讲解，均提供了详细的操作步骤，便于学习者模仿练习，以此提高实践动手能力，所有例题均通过调试，内容涵盖了设计一个数据库应用系统要用到的主要知识。本书配套资源丰富，包括教学大纲、教学课件、电子教案、实例程序代码、样本数据库、重难点知识的微课视频，供师生在教学中参考使用。

全书的编写工作由南京城市职业学院的杨洋独立完成。

在本书的编写过程中参阅了大量专家学者的著作，并从互联网上获得了许多参考资料，受益匪浅，而这些资料难以一一列举出来，在此向这些资料的作者表示衷心的感谢。

由于计算机技术日新月异，编者水平有限，虽然经过再三勘误，难免存在疏漏和不足，敬请广大读者提出宝贵意见。

编　者

2023 年 7 月

目 录

项目1 数据库的基础知识 ·· 1

  1.1 数据库的基本概念 ·· 1
    1.1.1 信息、数据与数据处理 ·· 1
    1.1.2 数据库、数据库系统与数据库管理系统 ·· 2
  1.2 数据库管理技术的发展历程 ··· 3
    1.2.1 人工管理阶段 ·· 3
    1.2.2 文件系统阶段 ·· 3
    1.2.3 数据库系统阶段 ··· 4
    1.2.4 分布式数据库系统 ·· 4
    1.2.5 面向对象数据库系统 ··· 5
    1.2.6 数据仓库 ·· 5
    1.2.7 数据挖掘 ·· 5
    1.2.8 云计算与大数据 ··· 5
  1.3 数据模型 ·· 5
    1.3.1 数据模型的组成要素 ··· 6
    1.3.2 数据模型的类型 ··· 6
  1.4 数据库系统的结构 ·· 9
    1.4.1 数据库系统的模式结构 ·· 9
    1.4.2 数据库系统的体系结构 ··· 11

项目2 安装和配置 MySQL ··· 13

  2.1 MySQL 概述 ·· 13
    2.1.1 MySQL 的简介 ··· 13
    2.1.2 MySQL 的特性 ··· 14
    2.1.3 MySQL 的版本 ··· 14
  2.2 MySQL 管理工具 ·· 14
    2.2.1 MySQL Workbench ··· 14
    2.2.2 MySQL Administrator——管理器工具 ·· 14
    2.2.3 MySQL Query Browser ·· 15
    2.2.4 MySQL Migration Toolkit ··· 15
    2.2.5 Navicat ··· 15
  2.3 安装和配置 MySQL ··· 15

  2.3.1 MySQL 8.0 的下载 …………………………………………………… 15
  2.3.2 安装和配置 MySQL ………………………………………………… 17
 2.4 MySQL 的启动与登录 …………………………………………………………… 24
  2.4.1 MySQL 服务器的启动与关闭 ……………………………………… 24
  2.4.2 以 Windows 命令行方式登录与退出 MySQL 服务器 …………… 24
  2.4.3 以 MySQL Command Line Client 方式登录与退出 MySQL
     服务器 ……………………………………………………………… 24
  2.4.4 利用 Navicat 图形化管理工具登录 MySQL 服务器 ……………… 26

项目 3 学生管理数据库的操作 ……………………………………………………… 28

 3.1 MySQL 数据库的简介 …………………………………………………………… 28
  3.1.1 系统数据库 ………………………………………………………… 28
  3.1.2 用户数据库 ………………………………………………………… 29
 3.2 使用图形化管理工具操作学生管理数据库 …………………………………… 29
  3.2.1 学生管理数据库的创建 …………………………………………… 29
  3.2.2 学生管理数据库的查看 …………………………………………… 30
  3.2.3 学生管理数据库的修改 …………………………………………… 31
  3.2.4 学生管理数据库的删除 …………………………………………… 31
 3.3 使用语句操作学生管理数据库 ………………………………………………… 32
  3.3.1 创建学生管理数据库 ……………………………………………… 32
  3.3.2 查看学生管理数据库 ……………………………………………… 33
  3.3.3 修改学生管理数据库 ……………………………………………… 33
  3.3.4 打开学生管理数据库 ……………………………………………… 34
  3.3.5 删除学生管理数据库 ……………………………………………… 34

项目 4 学生管理数据库数据表的操作 ………………………………………………… 36

 4.1 表的简介 ………………………………………………………………………… 36
  4.1.1 MySQL 数据表概述 ………………………………………………… 36
  4.1.2 MySQL 数据类型 …………………………………………………… 36
 4.2 使用图形化管理工具操作学生管理数据库的数据表 ………………………… 38
  4.2.1 创建学生管理数据库的数据表 …………………………………… 38
  4.2.2 查看学生管理数据库的数据表 …………………………………… 39
  4.2.3 修改学生管理数据库的数据表 …………………………………… 41
  4.2.4 复制学生管理数据库的数据表 …………………………………… 43
  4.2.5 删除学生管理数据库的数据表 …………………………………… 43
 4.3 使用语句操作学生管理数据库的数据表 ……………………………………… 44
  4.3.1 创建学生管理数据库的数据表 …………………………………… 44
  4.3.2 查看学生管理数据库的数据表 …………………………………… 45
  4.3.3 修改学生管理数据库的数据表 …………………………………… 46

| | | 4.3.4 | 复制学生管理数据库的数据表 | 48 |
| | | 4.3.5 | 删除学生管理数据库的数据表 | 48 |

项目5 学生管理数据库数据的操作 ·········· 50

5.1 数据完整性概述 ·········· 50
  5.1.1 数据完整性的概念 ·········· 50
  5.1.2 数据完整性的类型 ·········· 50

5.2 实现约束 ·········· 51
  5.2.1 PRIMARY KEY(主键)约束 ·········· 51
  5.2.2 DEFAULT(默认值)约束 ·········· 51
  5.2.3 CHECK 约束 ·········· 51
  5.2.4 UNIQUE 约束 ·········· 52
  5.2.5 NOT NULL 约束 ·········· 52
  5.2.6 FOREIGN KEY 约束 ·········· 52

5.3 使用图形化管理工具操作学生管理数据库表数据 ·········· 52
  5.3.1 插入学生管理数据库表数据 ·········· 52
  5.3.2 删除学生管理数据库表数据 ·········· 53
  5.3.3 修改学生管理数据库表数据 ·········· 54

5.4 使用语句操作学生管理数据库表数据 ·········· 54
  5.4.1 插入学生管理数据库表数据 ·········· 54
  5.4.2 修改学生管理数据库表数据 ·········· 57
  5.4.3 删除学生管理数据库表数据 ·········· 58

5.5 实现学生管理数据库表约束 ·········· 59
  5.5.1 PRIMARY KEY 约束 ·········· 59
  5.5.2 DEFAULT 约束 ·········· 63
  5.5.3 CHECK 约束 ·········· 65
  5.5.4 UNIQUE 约束 ·········· 67
  5.5.5 NOT NULL 约束 ·········· 69
  5.5.6 FOREIGN KEY 约束 ·········· 71

项目6 学生管理数据库的查询 ·········· 76

6.1 SELECT 语句概述 ·········· 76
  6.1.1 选择列 ·········· 77
  6.1.2 WHERE 子句 ·········· 77
  6.1.3 聚合函数 ·········· 78
  6.1.4 GROUP BY 子句 ·········· 79
  6.1.5 HAVING 子句 ·········· 79
  6.1.6 ORDER BY 子句 ·········· 79

6.2 多表连接查询 ·········· 79

| 6.2.1 内连接 …………………………………………………………………………… 79
| 6.2.2 外连接 …………………………………………………………………………… 79
| 6.2.3 交叉连接 ………………………………………………………………………… 80
| 6.2.4 自连接 …………………………………………………………………………… 80
| 6.2.5 组合查询 ………………………………………………………………………… 80
| 6.3 子查询 ……………………………………………………………………………………… 80
| 6.3.1 带有 IN 运算符的子查询 ………………………………………………………… 80
| 6.3.2 带有比较运算符的子查询 ………………………………………………………… 80
| 6.3.3 带有 EXISTS 运算符的子查询 …………………………………………………… 80
| 6.4 简单查询学生管理数据库 ……………………………………………………………… 81
| 6.4.1 使用选择列查询学生管理数据库 ………………………………………………… 81
| 6.4.2 使用 WHERE 子句查询学生管理数据库 ………………………………………… 84
| 6.4.3 使用聚合函数实现数据的统计操作 ……………………………………………… 91
| 6.4.4 使用 GROUP BY 子句查询学生管理数据库 …………………………………… 93
| 6.4.5 使用 HAVING 子句查询学生管理数据库 ……………………………………… 94
| 6.4.6 使用 ORDER BY 子句查询学生管理数据库 …………………………………… 95
| 6.5 多表连接查询学生管理数据库 ………………………………………………………… 96
| 6.5.1 使用内连接查询学生管理数据库 ………………………………………………… 96
| 6.5.2 使用外连接查询学生管理数据库 ………………………………………………… 99
| 6.5.3 使用交叉连接查询学生管理数据库 …………………………………………… 101
| 6.5.4 使用自连接查询学生管理数据库 ……………………………………………… 102
| 6.5.5 使用组合查询查询学生管理数据库 …………………………………………… 102
| 6.6 子查询 …………………………………………………………………………………… 104
| 6.6.1 带有 IN 运算符的子查询 ……………………………………………………… 104
| 6.6.2 带有比较运算符的子查询 ……………………………………………………… 105
| 6.6.3 带有 EXISTS 运算符的子查询 ………………………………………………… 106

项目 7 MySQL 编程基础 ………………………………………………………………… 108

  7.1 MySQL 语言结构概述 ………………………………………………………………… 108
      7.1.1 常量 ……………………………………………………………………………… 108
      7.1.2 变量 ……………………………………………………………………………… 109
      7.1.3 运算符与表达式 ………………………………………………………………… 110
      7.1.4 系统内置函数 …………………………………………………………………… 112
  7.2 流程控制语句 …………………………………………………………………………… 113
      7.2.1 判断语句 ………………………………………………………………………… 113
      7.2.2 循环语句 ………………………………………………………………………… 114
      7.2.3 跳转语句 ………………………………………………………………………… 114
  7.3 MySQL 语言的基础操作 ……………………………………………………………… 114
      7.3.1 使用变量 ………………………………………………………………………… 114

  7.3.2 使用运算符与表达式 ·· 116
  7.3.3 使用系统内置函数 ·· 118
7.4 使用流程控制语句 ·· 120
  7.4.1 判断语句 ·· 120
  7.4.2 循环语句 ·· 122
  7.4.3 跳转语句 ·· 123

项目 8 学生管理数据库的视图与索引 ·· 125

8.1 视图 ·· 125
  8.1.1 视图的概念 ·· 125
  8.1.2 视图的优缺点 ··· 125
8.2 索引 ·· 126
  8.2.1 索引的概念 ·· 126
  8.2.2 索引的优缺点 ··· 126
  8.2.3 索引的类型 ·· 127
8.3 使用图形化管理工具操作视图 ·· 128
  8.3.1 创建视图 ·· 128
  8.3.2 查看视图 ·· 129
  8.3.3 重命名视图 ·· 129
  8.3.4 删除视图 ·· 130
8.4 使用语句操作视图 ·· 130
  8.4.1 创建视图 ·· 130
  8.4.2 查看视图 ·· 131
  8.4.3 修改视图 ·· 132
  8.4.4 通过视图管理数据 ·· 133
  8.4.5 删除视图 ·· 135
8.5 使用图形化管理工具操作索引 ·· 135
  8.5.1 创建索引 ·· 135
  8.5.2 删除索引 ·· 136
8.6 使用语句操作索引 ·· 137
  8.6.1 创建索引 ·· 137
  8.6.2 查看索引 ·· 139
  8.6.3 删除索引 ·· 139

项目 9 学生管理数据库的存储过程与触发器 ·· 141

9.1 存储过程概述 ··· 141
  9.1.1 存储过程的概念 ··· 141
  9.1.2 存储过程的优点 ··· 141
9.2 触发器概述 ·· 142

    9.2.1 触发器的概念 ·· 142
    9.2.2 触发器的类型 ·· 142
  9.3 存储过程的操作 ··· 143
    9.3.1 创建存储过程 ·· 143
    9.3.2 调用存储过程 ·· 145
    9.3.3 查看存储过程 ·· 145
    9.3.4 修改存储过程 ·· 146
    9.3.5 删除存储过程 ·· 147
  9.4 触发器的操作 ··· 147
    9.4.1 创建触发器 ··· 147
    9.4.2 查看触发器 ··· 149
    9.4.3 删除触发器 ··· 149

项目 10 备份与还原学生管理数据库 ·· 151

  10.1 备份概述 ··· 151
    10.1.1 备份的概念 ·· 151
    10.1.2 备份的类型 ·· 151
  10.2 还原概述 ··· 152
  10.3 使用图形化管理工具备份与还原学生管理数据库 ····································· 152
    10.3.1 使用图形化管理工具备份学生管理数据库 ··· 152
    10.3.2 使用图形化管理工具还原学生管理数据库 ··· 154
  10.4 使用语句备份与还原学生管理数据库 ·· 157
    10.4.1 使用语句备份学生管理数据库 ·· 157
    10.4.2 使用语句还原学生管理数据库 ·· 159

项目 11 学生管理数据库安全性维护 ·· 161

  11.1 MySQL 的安全性 ··· 161
  11.2 使用图形化管理工具管理数据库用户 ·· 161
    11.2.1 创建用户 ·· 161
    11.2.2 修改用户名和密码 ·· 162
    11.2.3 删除用户 ·· 163
  11.3 使用语句管理用户 ··· 163
    11.3.1 创建用户 ·· 163
    11.3.2 修改用户名 ·· 164
    11.3.3 修改用户密码 ·· 165
    11.3.4 删除用户 ·· 165
  11.4 使用图形化管理工具管理数据库权限 ·· 166
    11.4.1 授予权限 ·· 166
    11.4.2 删除权限 ·· 168

11.5 使用语句管理数据库权限……………………………………………… 168
　　11.5.1 授予权限…………………………………………………… 168
　　11.5.2 删除权限…………………………………………………… 171

参考文献……………………………………………………………………… 173

项目 1 数据库的基础知识

任务描述

（1）在日常生活和工作中，是否用到了数据库？
（2）20 世纪的人类是如何管理数据的？现在是如何管理数据的？
（3）本书中将研究哪种类型的数据库？它给我们的工作和生活带来了什么样的变化？

学习目标

（1）掌握：数据库、数据库管理系统和数据库系统的概念，数据模型的组成要素。
（2）理解：数据模型的类型。
（3）了解：信息、数据、数据处理的概念，数据库管理技术的发展历程，关系数据库理论。

知识准备

1.1 数据库的基本概念

视频讲解

随着计算机技术的发展，信息技术的应用也日益广泛，作为管理信息资源的数据库技术也得到迅速发展，应用范围涉及管理信息系统、专家系统、过程控制、联机分析处理等各个领域。数据库技术已成为计算机信息系统与应用系统的核心技术和重要基础，成为衡量社会信息化程度的重要标志。

1.1.1 信息、数据与数据处理

1. 信息

信息是对数据的解释，是经过加工处理后提取的对人类社会实践和生产活动产生决策影响并具有一定含义的数据集合，它具有超出事实数据本身之外的价值，能提高人们对事物认识的深刻程度，对决策或行为有现实或潜在的价值。

2. 数据

数据是数据库中存储的基本对象，是可以被计算机接收并能够被计算机处理的符号。数据的表现形式多样化，可以是数字、文字、图形、图像、声音等信息。例如，定义学生的姓名为"李红"，性别为"女"，年龄为"20 岁"，"李红"、"女"和"20 岁"都是数据。

数据与信息既有联系又有区别。数据是信息的表现形式,信息是加工处理后的数据,是数据所表达的内容。同样的数据可因载体的不同表现出不同的形式,而信息则不会随信息载体的不同而改变。

3. 数据处理

将数据转换成信息的过程称为数据处理,是指利用计算机对原始数据进行科学的采集、整理、存储、加工和传输等一系列活动,从繁杂的数据中获取所需的资料和有用的数据。

1.1.2 数据库、数据库系统与数据库管理系统

1. 数据库

数据库可以理解为存放数据的仓库,是以一定的方式将相关数据组织在一起并存储在外存储器上所形成的、为多个用户共享的、与应用程序彼此独立的一组相互关联的数据集合。数据库中的数据按一定的数据模型组织、描述和存储,具有较小的冗余度、较高的数据独立性和易扩展性。

2. 数据库系统

数据库系统是由数据库及其管理软件组成的系统,它是为适应数据处理的需要而发展起来的一种较为理想的数据处理的核心机构,它能够有组织地、动态地存储大量数据,提供数据处理和数据共享机制,是存储介质、处理对象和管理系统的集合体。

3. 数据库管理系统

数据库管理系统是处理数据访问的软件系统,位于用户与操作系统之间的数据管理软件,用户必须通过数据库管理系统来统一管理和控制数据库中的数据。

数据库管理系统的功能主要包括以下几个方面。

1) 数据定义功能

数据定义功能是数据库管理系统面向用户的功能,数据库管理系统提供数据定义语言,定义数据库中的数据对象,包括三级模式及其相互之间的映像等,如数据库、基本表、视图的定义、数据完整性和安全控制等约束。

2) 数据操纵功能

数据操纵功能是数据库管理系统面向用户的功能,数据库管理系统提供数据操纵语言,用户可以使用数据操纵语言对数据库中的数据进行各种操作,如存取、查询、插入、删除和修改等。数据操纵语言有两类:一类数据操纵语言可以独立交互使用,不依赖于任何程序设计语言,称为自主型或自含型语言;另一类数据操纵语言必须嵌入宿主语言中使用,称为宿主型数据操纵语言。在使用高级语言编写的应用程序中,需要使用宿主型数据操纵语言访问数据库中的数据。

3) 数据库的运行管理功能

数据库的运行管理功能是数据库管理系统的运行控制和管理功能,包括多用户环境下的并发控制、安全性检查和存取限制控制、完整性检查和执行、运行日志的组织管理、事务的管理和自动恢复。这是数据库管理系统的核心部分,所有数据库的操作都要在这些控制程序的统一管理和控制下进行,这些功能保证了数据库系统的正常运行。

4) 数据维护功能

数据维护功能包括数据库数据的导入功能、转储功能、恢复功能、重新组织功能、性能监

视和分析功能等,这些功能通常由数据库管理系统的许多应用程序提供给数据库管理员。

5)数据库的传输功能

数据库管理系统提供处理数据的传输功能,实现用户程序与数据库管理系统之间的通信,通常与操作系统协调完成。

1.2 数据库管理技术的发展历程

随着社会的不断进步,人类社会积累的信息正以"几何级数"的速度增长。因此人们过去传统的、落后的数据处理方法,已经远远适应不了当今形势发展的需要了,人们对数据处理现代化的要求日益迫切。数据库管理技术大致经历了以下几个阶段。

1.2.1 人工管理阶段

20 世纪 50 年代中期以前,计算机主要用于数值计算,数据量较少,一般不需要长期保存。硬件方面,外存储器只有卡片和纸带,还没有磁盘等直接存取的存储设备;软件方面,没有专门管理数据的软件,数据处理方式基本是批处理。数据由应用程序自行携带,数据不能长期保存,数据与应用程序之间的关系是一一对应的关系,如图 1-1 所示。

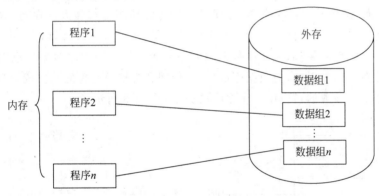

图 1-1 人工管理阶段数据与应用程序之间的关系

一组数据只对应于一个应用程序。即使两个应用程序都涉及了某些相同的数据,也必须各自定义,无法相互利用和参照,数据无法共享,从而导致程序与程序之间存在大量的冗余。

1.2.2 文件系统阶段

20 世纪 50 年代后期至 60 年代中后期,计算机不仅用于科学计算,还用于信息管理。硬件方面,外存储器有了磁盘、磁鼓等直接存取的存储设备;软件方面,操作系统中已经有了专门的管理外存的数据软件,称为文件系统。数据处理方式有批处理和联机实时处理两种。文件系统阶段数据与应用程序之间的关系如图 1-2 所示。

虽然文件系统阶段较人工管理阶段有了很大的改进,但仍显露出很多缺点,例如,由于应用程序的依赖性导致编写应用程序不方便;存储在文件中的数据如何存放由程序员自己定义,不统一,难以共享;数据冗余度大,浪费了存储空间;不支持对文件的并发访问;

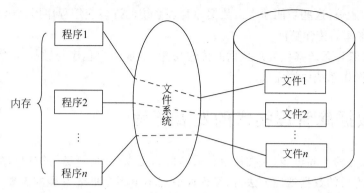

图 1-2 文件系统阶段数据与应用程序之间的关系

文件间联系弱,必须通过应用程序来实现;难以按最终用户视图表示数据;无安全控制功能等。

1.2.3 数据库系统阶段

20 世纪 60 年代后期,计算机用于管理的领域越来越广泛,数据量也急剧增加。硬件方面,计算机性能得到进一步提高,更重要的是出现了大容量磁盘,存储容量大大增加且价格下降;软件方面,操作系统更加成熟,程序设计语言的功能更加强大。在此基础上,数据库技术应运而生,主要克服文件系统管理数据时的不足,满足和解决实际应用中多个用户、多个应用程序共享数据的需求,从而使数据能为尽可能多的应用程序服务。也因此出现了统一管理数据的专门软件系统,为数据库的建立、使用和维护而配置的软件成为数据库管理系统。数据库系统阶段数据与应用程序之间的关系如图 1-3 所示。

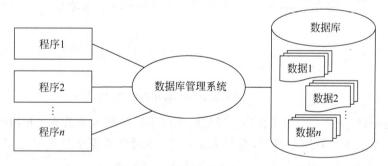

图 1-3 数据库系统阶段数据与应用程序之间的关系

1.2.4 分布式数据库系统

20 世纪 70 年代中期,出现了早期的分布式数据库系统。20 世纪 90 年代以来,分布式数据库系统进入商业化应用阶段。

分布式数据库系统是数据库技术与网络技术结合的产物。在分布式数据库系统中,一个应用程序可以对数据库进行透明操作,数据库中的数据分别在不同的局部数据库中存储,由不同的数据库管理系统进行管理,在不同的机器上运行,由不同的操作系统支持,被不同的通信网络连接在一起。分布式数据库系统更适合分布式的管理与控制,体系结构灵活、可靠性高、可用性好,在一定条件下可加快响应速度,可扩展性好,易于集成现有系统,也易于扩充。但缺点是通信开销较大，故障率高，数据的存取结构复杂，数据的安全性和保密性较难控制。

1.2.5　面向对象数据库系统

从 20 世纪 80 年代开始，随着数据库技术应用领域的进一步拓宽，要求数据库不仅能方便地存储和检索结构化的数字和字符信息，而且可以方便地存储和检索诸如图形、图像等复杂的信息。面向对象的数据库可以像对待一般对象一样存储这些数据与过程。20 世纪 80 年代后期，各种面向对象数据库管理系统开始陆续进入市场，这标志着数据库系统进入了一个新的发展时期。在面向对象的数据库中，存储的对象除了具有简单数据类型的对象外，还具有非常复杂的数据类型对象，如图形、图像、声音等，这些复杂数据类型可以由基本数据类型组成。在面向对象数据库系统中，可以以整型、实型、布尔型、字符串型等基本类型为基础，使用记录结构、聚集类型、引用类型等类型构造新的数据类型。

1.2.6　数据仓库

数据仓库之父 Bill Inmon 在 1991 年出版的 *Building the Data Warehouse* 一书，标志着数据仓库概念的确立。数据仓库是一个面向主题的、集成的、相对稳定的、反映历史变化的数据集合，用于支持管理决策。

数据仓库是决策支持系统和联机分析应用数据源的结构化数据环境。数据仓库研究和解决从数据库中获取信息的问题。数据仓库的特征在于面向主题、集成性、稳定性和时变性。

1.2.7　数据挖掘

数据挖掘是指从数据集合中自动抽取隐藏在数据中的那些有用信息的非平凡过程，这些信息的表现形式为规则、概念、规律及模式等，是在当时多个学科发展的基础上发展起来的。进入 21 世纪，数据挖掘已经成为一门比较成熟的交叉学科，并且数据挖掘技术也伴随着信息技术的发展日益成熟起来。数据挖掘融合了数据库、人工智能、机器学习、统计学、高性能计算、模式识别、神经网络、数据可视化、信息检索和空间数据分析等多个领域的理论和技术，是 21 世纪初期对人类产生重大影响的十大新兴技术之一。

1.2.8　云计算与大数据

云计算不仅给数据技术带来了新的变革，也给数据库厂商提供了更高效的服务交付、商业模式，把云计算、数据库，以及大数据发展结合起来看，数据系统本质上就是对数据从生产、处理、消费到存储的一个全链路的过程。

1.3　数据模型

模型是对现实世界中某个对象特征的模拟和抽象。数据模型与具体的数据库管理系统相关，可以说它是概念模型的数据化，是现实世界的计算机模拟。

1.3.1 数据模型的组成要素

数据模型通常有一组严格定义的语法,人们可以使用它来定义、操纵数据库中的数据。数据模型的组成要素为数据结构、数据操作和数据的约束条件。

1. 数据结构

数据结构是对系统静态特性的描述,是所研究的对象类型的集合,这些对象和对象类型是数据库的组成部分。一般可分为两类:一类是与数据类型、内容和其他性质有关的对象;另一类是与数据之间的联系有关的对象。

在数据库领域中,通常按照数据结构的类型来命名数据模型,进而对数据库管理系统进行分类。如层次结构、网状结构和关系结构的数据模型分别称作为层次模型、网状模型和关系模型。相应地,数据库分别称作为层次数据库、网状数据库和关系数据库。

2. 数据操作

数据操作是对系统动态特性的描述,是指对各种对象类型的实例或值所允许执行的操作的集合,包括操作及有关的操作规则。在数据库中,主要的操作有检索和更新(包括插入、删除、修改)两大类。数据模型定义了这些操作的定义、操作符号、操作规则和实现操作的语言。

3. 数据的约束条件

数据的约束条件是完整性规则的集合。完整性规则是指在给定的数据模型中,数据及其联系所具有的制约条件和依存条件,用以限制符合数据模型的数据库的状态以及状态的变化,确保数据的正确性、有效性和一致性。

数据模型应该反映和规定符合本数据模型必须遵守的、基本的、通用的完整性约束条件,还应该提供定义完整性约束条件的机制,用以反映特定的数据必须遵守特定的语义约束条件。

数据模型的这三个要素完整地描述了一个数据模型,数据模型不同,描述和实现方法亦不同。

1.3.2 数据模型的类型

数据模型按不同的应用层次分成概念数据模型、逻辑数据模型和物理数据模型三种类型。在逻辑数据模型中最常用的是层次模型、网状模型、关系模型。

1. 层次模型

层次模型是数据库系统中最早出现的数据模型,用树状结构表示实体之间联系的模型叫作层次模型。层次模型这种结构方式反映了现实世界中数据的层次结构关系。

在现实世界中,许多实体之间的联系本身就是一种自然的层次结构关系,图1-4为某学院按层次模型组织的数据示例。

树中的每一个节点表示一个记录类型,连线表示双亲-子女关系。因此,层次模型实际上是以记录类型为节点的有向树。层次模型满足三个条件:有且仅有一个节点无双亲节点,称为根节点;根以外的其他节点有且仅有一个双亲节点;没有子女节点的节点,称为叶节点。

在层次模型中,由于是通过指针来实现记录之间的联系,所以查询效率较高,其层次分

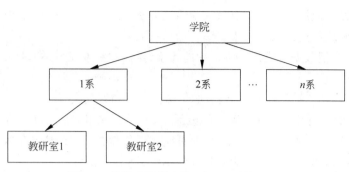

图 1-4 某学院按层次模型组织的数据示例

明、结构清晰、不同层次间的数据关联直接简单。但其也存在着一定的缺点,由于从属节点有且只有一个双亲节点,所以它只能表示 $1:N$ 联系,虽然有各种辅助手段实现 $M:N$ 联系,但较复杂,用户不易掌握;数据将不得不纵向向外扩展,节点之间很难建立横向的关联;由于层次顺序的严格和复杂,导致数据的查询和更新操作都很复杂,因此应用程序的编写也比较复杂。

2．网状模型

每一个数据用一个节点表示,每个节点与其他节点都有联系,这样,数据库中的所有数据节点就构成了一个复杂的网络,即用网状结构来表示实体及其联系的模型称为网状模型。

网络中的每一个节点表示一个记录类型,联系用链接指针来实现。网状模型满足两个条件：允许有一个以上的节点无双亲节点；一个节点可以有多个双亲节点。

这样,在网状模型中任何两个节点都可以有联系,从而可以方便地表示各种类型之间的联系,图 1-5 为一个简单的城市之间的铁路交通联系的网状模型。

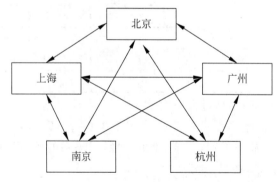

图 1-5 铁路交通联系的网状模型

在网状模型中,是通过指针来实现记录之间的联系的,所以查询效率较高；而且能表示多对多的联系,能够直接描述复杂的关系。但其应用程序的编写比较复杂,程序员必须熟悉数据库的逻辑结构；而且数据的独立性比较差,程序和数据没有完全独立；另外,由于数据间的联系要通过指针表示,指针数据项的存在使数据量大大增加,当数据关系复杂时,指针部分会占用大量数据库存储空间,修改数据库中的数据,指针也必须随着变化。因此,网络数据库中的指针的建立和维护成为相当大的额外负担。

3．关系模型

关系模型是以关系数学理论为基础的,用二维表结构来表示实体以及实体之间联系的。

在关系模型中,经常使用一些概念或名词来描述关系模型的数据结构。例如,关系、元组、属性、域、码(候选码或候选键)、主码或主键、主属性、关系模式等。

在关系模型中把数据看成是二维表中的元素,操作的对象和结果都是二维表,一张二维表就是一个关系。

关系(或表):一个关系就是一个表,如教师信息表和课程表等。

元组:表中的一行称为一个元组(不包括表头),一个元组对应现实世界的一个实体。

属性:表中的一列称为一个属性,属性对应实体的属性,一个表会有多个属性,每个属性要有一个属性名,同一个表中不能有相同的属性名。

域:属性的取值范围。

分量:元组中的一个属性值。

码:如果表中的某个属性或属性组的值可以唯一地确定一个元组,这样的属性或属性组称为关系的码(候选码或候选键)。

主码:如果表中存在多个码,只能选择其中的一个码来区分元组,被选定的码称为主码或主键,其他候选码或候选键则称为备选键。

主属性:被定义为主码的属性称为主属性,而其他属性则称为非主属性。

关系模式:对关系的描述,一般表示为:关系名(属性1,属性2,…,属性n)。关系模型中没有层次模型中的链接指针,记录之间的联系是通过不同关系中的同名属性来实现的。

例如,在学生成绩管理系统中,有一个学生信息表,学生信息表的结构和部分数据见表1-1。

表1-1 学生信息表的结构和部分数据

学 号	姓 名	性 别	籍 贯	专 业
2201001	张三	女	南京	人工智能
2201002	李四	男	徐州	网络工程
2201003	王五	男	无锡	大数据技术
…	…	…	…	…

在这个表中,有5个不同的属性,分别是:学号、姓名、性别、籍贯和专业,"2201001、张三、女、南京、人工智能"描述的是一个实体(一名学生)的信息,称为一个元组。在关系的5个属性中,学号属性具有唯一识别每名学生的特性,是关系的码。学生信息关系可以描述为:学生(学号,姓名,性别,籍贯,专业)。

关系模型的特点体现如下:建立在关系数据理论之上,有可靠的数据基础;可以描述一对一、一对多和多对多的联系;表示的一致性,实体本身和实体间的联系都使用关系描述;关系的每个分量的不可分性,也就是不允许表中表。

关系模型概念清晰、结构简单、格式唯一、理论基础严格,实体、实体联系和查询结果都采用关系表示,用户比较容易理解。另外,关系模型的存取路径对用户是透明的,程序员无须关心具体的存取过程,减轻了程序员的工作负担,具有较好的数据独立性和安全保密性。但关系模型也有一些缺点,在某些实际应用中,关系模型的查询效率有时不如层次模型和网状模型,因此,为了提高查询的效率,有时需要对查询进行一些特别的优化。

1.4 数据库系统的结构

数据库系统的结构可以有多种不同的层次或不同的角度。从数据库管理系统角度看,数据库系统通常采用三级模式结构,这是数据库系统内部的体系结构,通常称为数据库模式结构;从数据库最终用户角度来看,数据库系统的结构可以分为单机结构、主从式结构、分布式结构、客户机/服务器结构和浏览器/服务器结构等,这是数据库系统外部的体系结构,简称数据库系统体系结构。

1.4.1 数据库系统的模式结构

实际的数据库管理系统尽管使用的环境不同,内部数据的存储结构不同,使用的语言也不同,但它们的基本结构都采用了三级模式结构,并提供两级映像功能。

1. 三级模式结构

数据库系统的三级模式结构包含外模式、概念模式和内模式,如图 1-6 所示。三级模式结构把对数据的具体组织留给数据库管理系统管理,使用户能逻辑地、抽象地处理数据,而不必关心数据在计算机中的具体表示与存储。

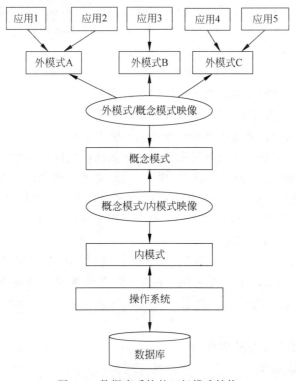

图 1-6 数据库系统的三级模式结构

概念模式,也称逻辑模式或模式,是数据库中全部数据的逻辑结构和特征的描述,也是所有用户的公共数据视图。它通常以某种数据模型为基础,定义数据库全部数据的逻辑结构。如数据记录的名称、数据项的名称、类型、值域等。还要定义数据项之间的联系、不同记录之间的联系,以及与数据有关的安全性、完整性等要求。一个数据库系统只能有一个逻辑模式，它不涉及硬件环境和物理存储细节，也不与任何计算机语言有关。数据库管理系统提供模式描述语言来定义模式。

外模式，也称子模式或用户模式，是三级模式结构的最外层，面向具体用户或应用程序的数据视图，即特定用户或应用程序所涉及的数据的逻辑结构。外模式是模式的子集，不同用户使用不同的外模式。一个数据库可以有多个外模式，每一个外模式都是为不同的用户建立的数据视图。由于各用户的需求和权限不同，各个外模式的描述也是不同的。即使对模式中的同一数据，其在不同外模式中的结构、密级等都可以不同。每个用户只能调用所对应的外模式涉及的数据，其余数据是无法访问的。数据库管理系统提供外模式描述语言来定义外模式。

内模式，也称存储模式或物理模式。它既定义了数据库中全部数据的物理结构，还定义了数据的存储方法、存取策略等。内模式的设计目标是将系统的逻辑模式组织成最优的物理模式，以提高数据的存取效率，改善系统的性能指标。数据库管理系统提供内模式描述语言来描述和定义内模式。

2．数据库的两级映像功能

为了能够在内部实现这三个抽象层次的联系和转换，数据库系统在这三级模式之间提供了两层映像：外模式/概念模式映像和概念模式/内模式映像。

外模式/概念模式映像实现了从外模式到概念模式之间的相互转换。对于每一个外模式，数据库系统都有一个外模式/概念模式映像，它定义了该外模式与概念模式之间的对应关系。这些映像定义通常包含在各自外模式的描述中。当概念模式改变时，只要相应改变外模式/概念模式映像，就可以使外模式保持不变。应用程序是依据数据的外模式编写的，外模式不变，应用程序就没必要修改。这种用户数据独立于全局的逻辑数据的特性叫作数据的逻辑独立性。所以外模式/概念模式映像功能保证了数据的逻辑独立性。

概念模式/内模式映像实现了从概念模式到内模式之间的相互转换。概念模式/内模式映像是唯一的，它定义了数据库全局逻辑结构与存储结构之间的对应关系。当数据库的存储结构改变时，只要相应改变概念模式/内模式映像，就可使概念模式保持不变。这种全局的逻辑数据独立于物理数据的特性叫作数据的物理独立性。概念模式不变，建立在概念模式基础上的外模式就不会变，与外模式相关的应用程序也就不需要改变，所以概念模式/内模式映像功能保证了数据的物理独立性。

数据库的三级模式结构是数据库组织数据的结构框架，依照这些数据框架组织的数据才是数据库的内容。在设计数据库时，主要是定义数据库的各级模式；而用户使用数据时，关心的只是数据库的内容。数据库的模式通常是稳定的，而数据库中的数据经常是变化的。

3．数据库三级模式结构的优点

1）保证数据的独立性

将概念模式和内模式分开，保证了数据的物理独立性；将外模式和概念模式分开，保证了数据的逻辑独立性。

2）简化了用户接口

按照外模式编写应用程序或输入命令，而无须了解数据库的逻辑结构，更不需要了解数据库内部的存储结构，方便了用户的使用。

3）有利于数据共享

不同的外模式为不同的用户提供不同的数据视图，从而实现不同用户对数据库中全部数据的共享，减少了数据冗余。

4）有利于数据的安全保密

在外模式下根据要求进行操作，只能对限定的数据进行限定的操作，保证了其他数据的安全性与保密性。

1.4.2 数据库系统的体系结构

一个数据库应用系统通常包括数据存储层、应用层与用户界面层三个层次。数据存储层一般由数据库管理系统来承担对数据库的各种维护操作；应用层是使用某种程序设计语言实现用户要求的各项工作的程序；用户界面层是提供用户的可视化图形操作界面，便于用户与数据库系统之间的交互。

从最终用户角度看，数据库系统可分为单机结构、主从式结构、分布式结构、客户机/服务器结构和浏览器/服务器结构五种，下面分别介绍。

1. 单机结构

单机结构是一种比较简单的数据库系统。在单机系统中，整个数据库系统包括的应用程序、数据库管理系统和数据库都安装在一台计算机上，由一个用户独占，不同机器之间不能共享数据。这种数据库系统也称桌面系统。在这种桌面型数据库管理系统中，数据存储层、应用层和用户界面层的所有功能都存储在单机上，容易造成大量的数据冗余。

2. 主从式结构

主从式结构是指一台大型主机带若干终端的多用户结构。在这种结构中，全部数据都集中存放在主机中，数据库管理系统和应用程序也存放在主机上，所有处理任务都由主机完成。各终端用户可以并发地访问主机上的数据库，共享其中的数据。

主从式结构的数据库管理系统，数据的存储层和应用层都放在主机上，用户界面层放在各个终端上。当终端用户的数目增加到一定程度后，主机的任务将十分繁重，常处于超负荷状态，这样会使系统性能大大降低。

主从式结构的优点在于简单、可靠、安全。缺点是主机的任务很重，终端数目有限，当主机出现故障时，会影响整个系统的使用。

3. 分布式结构

分布式结构是指地理上或物理上分散而逻辑上集中的数据库系统。每台计算机上都装有分布式数据库管理系统和应用程序，可以处理本地数据库中的数据，也可以处理异地数据库中的数据。在分布式数据库系统中，大多数处理任务由本地计算机访问本地数据库完成局部应用；对于少量本地计算机不能胜任的处理任务，通过网络同时存取和处理多个异地数据库中的数据，执行全局应用。分布式数据库系统适应了地理上分散的组织对于数据库应用的需求。

分布式结构的优点是体系结构灵活，能适应分布式管理和控制，经济性能好，可靠性高，在一定的条件下，响应速度快，可扩充性好。其缺点是系统开销较大，存取结构复杂，数据的安全性和保密性难以解决等。

4. 客户机/服务器结构（client/server 结构，C/S 结构）

随着工作站功能的增强和广泛使用，人们开始把数据库管理系统功能和应用分开，网络中专门用于执行数据库管理系统功能的计算机称为数据库服务器，简称服务器（server）；其他安装数据库应用程序的计算机称为客户机（client），这种结构称为客户机/服务器（C/S）结构。

在 C/S 结构的数据库系统中，数据存储层位于服务器上，而应用层和用户界面层位于客户机上。服务器的任务是完成数据管理、信息共享、安全管理等，它接收并处理来自客户端的数据访问请求，然后将结果返回给用户；客户机的任务是提供用户界面，提交数据访问请求，接收和处理数据库的返回结果。由于服务器对数据服务请求进行处理后只返回结果，而不是返回整个系统，所以减少了网络上的数据传输量，提高了系统的性能和负载能力。

C/S 结构的优点，一是可以减少网络流量，提高系统的性能、吞吐量和负载能力；二是使数据库更加开放，客户机和服务器可以在多种不同的硬件和软件平台上运行。C/S 结构的缺点是系统的客户端程序更新升级有一定困难。

5. 浏览器/服务器结构（browser/server 结构，B/S 结构）

浏览器/服务器结构是随着互联网技术的兴起，对客户机/服务器体系结构的一种变化或改进的结构。

浏览器/服务器结构由浏览器、Web 服务器、数据库服务器三层结构所组成。在这三层中，Web 服务器担任中间层应用服务器的角色，它是连接数据库服务器的通道。

B/S 结构的优点，一是具有分布性特点，可以随时随地进行查询、浏览等业务；二是业务扩展简单方便，通过增加网页便可增加服务器功能；三是维护简单方便，只需要改变网页即可实现所有用户的同步更新；四是开发简单，共享性强。

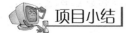 任务实训营

1. 任务实训目的

掌握数据库的设计。

2. 任务实训内容

设计一个学生管理数据库 studb，所涉及的信息包括学生、系部、成绩、课程等。

项目小结

本项目介绍数据、信息和数据处理的定义，数据库、数据库系统和数据库管理系统的概念、特点，数据模型的定义、组成要素和类型，层次模型、网状模型和关系模型的定义、特点，数据库系统结构等。

项目 2

安装和配置MySQL

任务描述

(1) 了解的 MySQL 有哪些版本？本书研究的 MySQL 8.0 又有哪些版本，它们的特性是什么？

(2) 如何安装 MySQL 8.0？它对软硬件有什么样的要求？

(3) 安装 MySQL 8.0，如何对它进行配置？

(4) MySQL 8.0 有哪些管理工具？如何使用？

(5) 怎样启动并登录到 MySQL 8.0 服务器？

学习目标

(1) 掌握：下载 MySQL 8.0 的方法，安装 MySQL 8.0 的方法，启动和登录 MySQL 8.0 服务器的方法。

(2) 理解：MySQL 8.0 管理工具的使用方法。

(3) 了解：MySQL 8.0 的特点和版本。

知识准备

视频讲解

2.1 MySQL 概述

MySQL 是一个小型关系数据库管理系统，开发者是瑞典 MySQL AB 公司。MySQL AB 是由 MySQL 创始人和主要开发人创办的公司，它是一家第二代开放源码公司，结合了开放源码价值取向、方法和成功的商业模型。

2.1.1 MySQL 的简介

与其他大型数据库管理系统，例如 Oracle、DB2、SQL Server 等相比，MySQL 规模小，功能有限，但是它体积小、速度快、成本低，且它提供的功能对稍微复杂的应用已经够用，这些特性使得 MySQL 成为世界上最受欢迎的开放源代码数据库，许多中小型网站为了降低网站总体成本而选择了 MySQL 作为网站数据库。

目前 Internet 上流行的网站构架方式是 LAMP（Linux+Apache+MySQL+PHP），即使用 Linux 作为操作系统，Apache 作为 Web 服务器，MySQL 作为数据库，PHP 作为服务器端脚本解释器。由于这四个软件都是免费或开放源码软件，因此使用这种方式不用花一分钱就可以建立起一个稳定、免费的网站系统。

2.1.2 MySQL 的特性

MySQL 的市场前景良好,未来将是数据库市场的主导者。它有以下特点:使用核心线程的完全多线程服务,这意味着可以采用多 CPU 体系结构。可运行在不同的平台,支持 AIX、FreeBSD、HP-UX、Linux、macOS、Novell Netware、OpenBSD、OS/2 Wrap、Solaris、Windows 等多种操作系统。为多种编程语言提供了 API,这些编程语言包括 C、C++、Eiffel、Java、Perl、PHP、Python、Ruby 和 Tcl 等。优化的 SQL 查询算法可有效地提高查询速度。既能够作为一个单独的应用程序应用在客户端/服务器网络环境中,也能够作为一个库而嵌入其他的软件中提供多语言支持,常见的编码,如中文的 GB 2312、BIG5 等都可以用作数据表名和数据列名。支持大型数据库,支持 5000 万条记录的数据仓库,32 位系统最大可支持 4GB 的表文件,64 位系统最大可支持 8TB 的表文件。

2.1.3 MySQL 的版本

MySQL 提供了不同的版本,用户可根据不同的应用需求安装不同的版本。具体版本如下。

- MySQL Community Server 社区版,开源免费,但不提供官方技术支持。
- MySQL Enterprise Edition 企业版,需付费,可以试用 30 天。
- MySQL Cluster 集群版,开源免费。
- MySQL Cluster CGE 高级集群版,需付费。
- MySQL Workbench(GUI TOOL),一款专为 MySQL 设计的 ER(实体关系)/数据库建模工具,MySQL Workbench 又分为两个版本,分别是社区版(MySQL Workbench OSS)、商用版(MySQL Workbench SE)。

MySQL 的命名机制为使用由 3 个数字和一个后缀组成的版本号。例如,mysql-8.0.29 的版本号这样解释:第 1 个数字 8 是主版本号,描述了文件格式;第 2 个数字 0 是发行级别,主版本号和发行级别组合到一起便构成了发行序列号;第 3 个数字 29 是在此发行系列的版本号,随每个新分发版递增。

2.2 MySQL 管理工具

2.2.1 MySQL Workbench

视频讲解

MySQL Workbench 是官方提供的图形化管理工具,由 MySQL 开发的跨平台、可视化数据库工具,为数据库管理员和开发人员提供了一整套可视化的数据库操作环境,支持数据库的创建、设计、迁移、备份、导出和导入等功能,并且支持 Windows、Linux 和 macOS 等主流操作系统。

2.2.2 MySQL Administrator——管理器工具

MySQL Administrator 是用来执行数据库管理操作的程序,用来监视和管理 MySQL 实例内的数据库、用户的权限和数据的实用程序,如配置、控制、开启和关闭 MySQL 服务。

2.2.3 MySQL Query Browser

MySQL Query Browser 是一款功能强大的数据库查询浏览器,能够进行数据的创建、添加、编辑和删除操作,通过连接 MySQL 数据库,就可以创建新数据库、增加表、键入、查询数据、导出查询结果和运行 SQL 脚本了。

2.2.4 MySQL Migration Toolkit

MySQL Migration Toolkit 是 MySQL 推出的数据迁移工具(适用于 MySQL 5.0 或以上),支持 Oracle、Microsoft SQL Server、Microsoft Access、Sybase 到 MySQL 之间的转换。

2.2.5 Navicat

Navicat 是一套快速、可靠的数据库管理工具,Navicat 是以直觉化的图形用户界面而建的,可以兼容多种数据库,支持多种操作系统。它可以与任何 3.21 或以上版本的 MySQL 一起工作,支持触发器、存储过程、函数、事件、视图、管理用户等,方便管理 MySQL、Oracle、PostgreSQL、SQLite、SQL Server 等不同类型的数据库,并支持管理云数据库,例如阿里云、腾讯云。本书中的图形化管理工具的使用以 Navicat 为例。

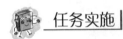

2.3 安装和配置 MySQL

本书以 MySQL Community 为例介绍 MySQL 的下载和安装。

2.3.1 MySQL 8.0 的下载

用户可以登录 MySQL 官方网站直接下载,具体步骤如下。

(1) 访问 MySQL 官方网站,其首页如图 2-1 所示。

图 2-1 MySQL 官方网站首页

（2）单击导航栏中的 DOWNLOADS 选项，选择 MySQL 产品，单击 MySQL Community (GPL) Downloads→MySQL Community Server 选项，打开下载页面，如图 2-2 所示。

图 2-2　下载 MySQL 8.0 的页面

（3）在该页面中，选择 MySQL Installer for Windows，单击 Go to Download Page 按钮，将弹出如图 2-3 所示的页面。

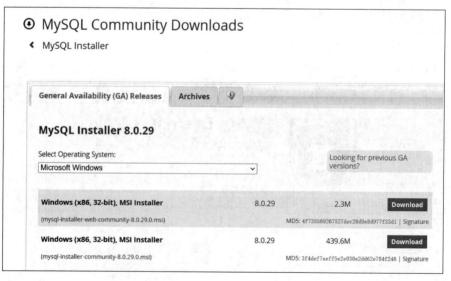

图 2-3　下载安装包文件

（4）单击 Download 按钮，下载安装包文件。

2.3.2 安装和配置 MySQL

下载完成后，在 Windows 10 操作系统下安装，安装过程如下。

（1）双击 mysql-installer-community-8.0.29.0.msi 安装文件，系统完成配置后，弹出如图 2-4 所示的选择安装类型的页面，选择默认选项，单击 Next 按钮。

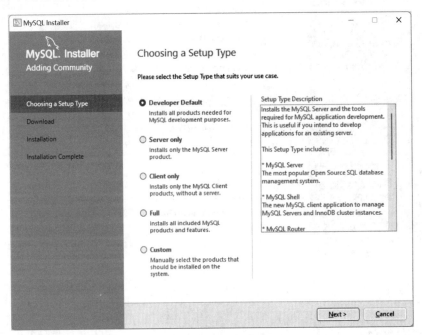

图 2-4　选择安装类型页面

（2）将弹出 Check Requirements 窗口，如图 2-5 所示。单击 Execute 按钮自动安装需要的选项。

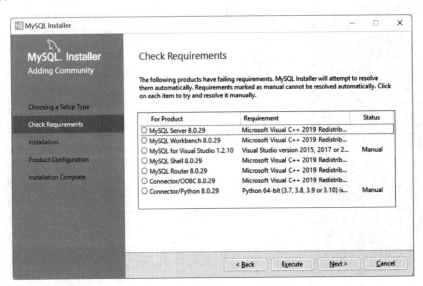

图 2-5　Check Requirements 窗口

(3) 接着会弹出如图 2-6 所示的 Installation 窗口,单击 Execute 按钮。

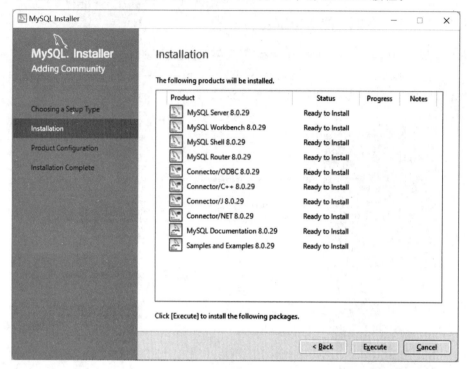

图 2-6　Installation 窗口

(4) 进入 Product Configuration 窗口,如图 2-7 所示。继续单击 Next 按钮。

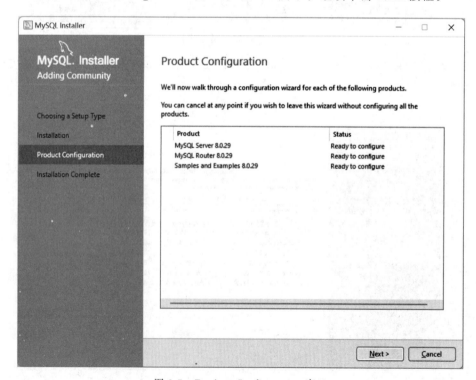

图 2-7　Product Configuration 窗口

（5）进入 Type and Networking 窗口，如图 2-8 所示。选择默认选项，单击 Next 按钮。

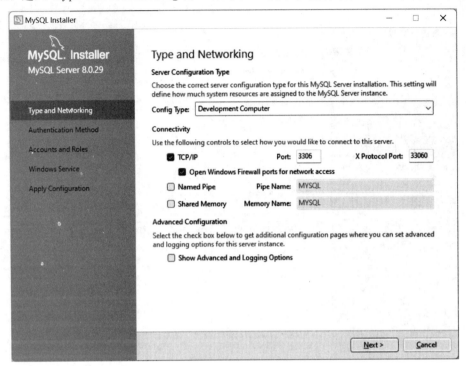

图 2-8　Type and Networking 窗口

（6）进入 Authentication Method 窗口，如图 2-9 所示。选择默认选项，单击 Next 按钮。

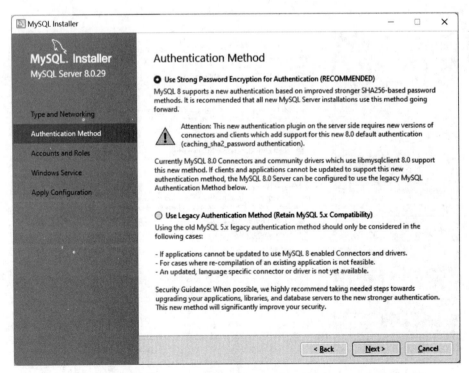

图 2-9　Authentication Method 窗口

(7) 进入 Accounts and Roles 窗口，输入密码 root，如图 2-10 所示。单击 Next 按钮。

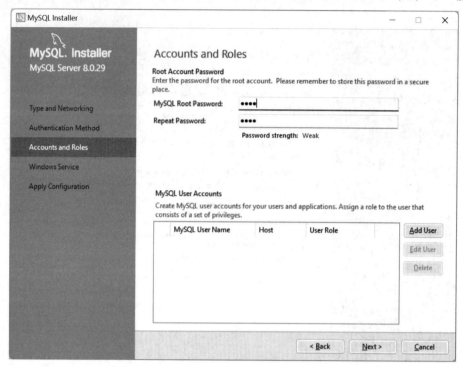

图 2-10　Accounts and Roles 窗口

(8) 进入 Windows Service 窗口，如图 2-11 所示。选择默认选项，单击 Next 按钮。

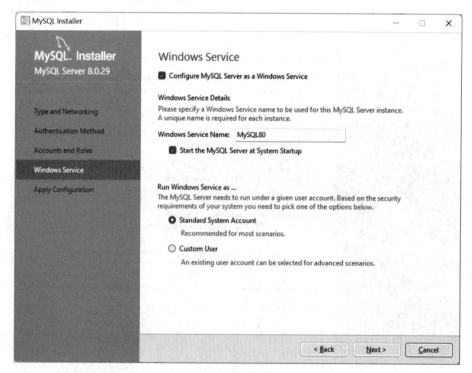

图 2-11　Windows Service 窗口

（9）进入 Apply Configuration 窗口，如图 2-12 所示。单击 Execute 按钮。

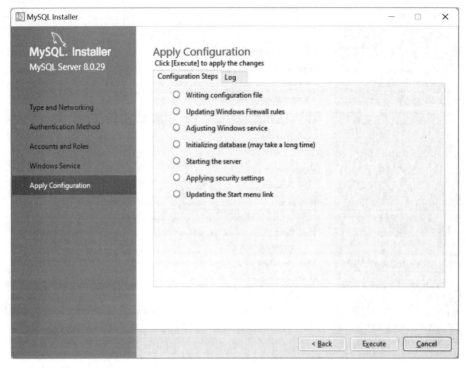

图 2-12　Apply Configuration 窗口

（10）进入 Product Configuration 窗口，如图 2-13 所示。单击 Next 按钮。

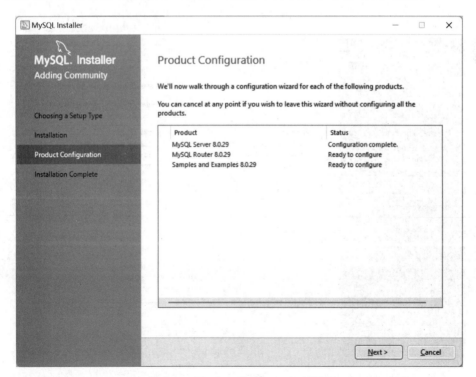

图 2-13　Product Configuration 窗口

(11) 进入 MySQL Router Configuration 窗口,如图 2-14 所示。单击 Finish 按钮。

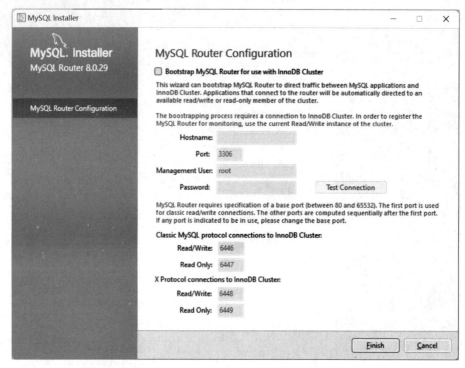

图 2-14　MySQL Router Configuration 窗口

(12) 再次进入 Product Configuration 窗口,如图 2-15 所示,单击 Next 按钮。

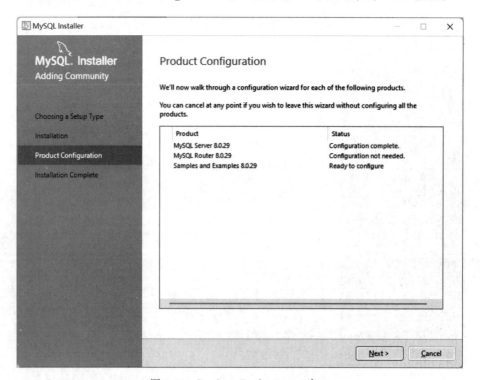

图 2-15　Product Configuration 窗口

(13) 进入 Connect To Server 窗口，在 Password 文本框中输入密码 root，单击 Check 按钮，显示成功连接后，单击 Next 按钮。进入 Apply Configuration 窗口，如图 2-16 所示，单击 Execute 按钮。

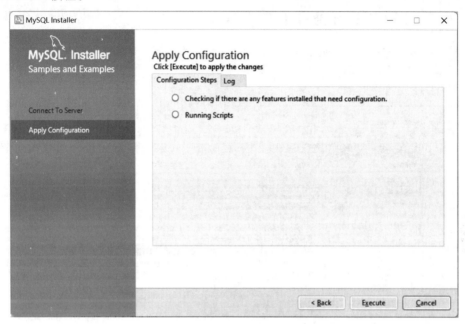

图 2-16　Apply Configuration 窗口

(14) 配置完成后，进入 Product Configuration 窗口，单击 Next 按钮，进入 Installation Complete 窗口，如图 2-17 所示，单击 Finish 按钮，MySQL 8.0 成功安装。

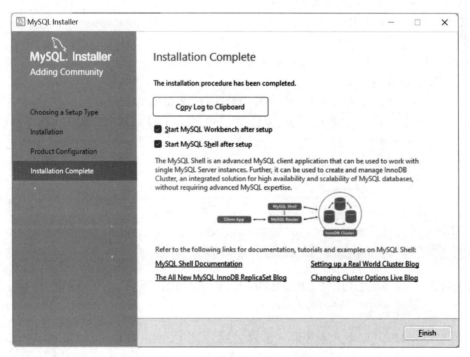

图 2-17　Installation Complete 窗口

2.4 MySQL 的启动与登录

2.4.1 MySQL 服务器的启动与关闭

MySQL 安装完成后，还需要启动服务进程，否则客户端无法连接到数据库。

打开服务列表窗口，如图 2-18 所示。找到 MySQL80 的服务，选择左侧的命令可以实现重启动、暂停或停止服务。

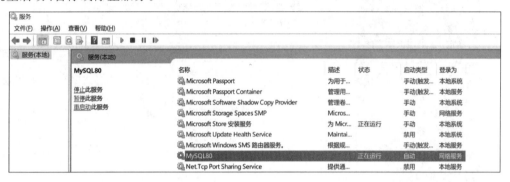

图 2-18 服务列表窗口

2.4.2 以 Windows 命令行方式登录与退出 MySQL 服务器

在 CMD 命令窗口输入命令 mysql -h localhost -u root -p 后按 Enter 键（注意这里的"-h""-u""-p"不能省略）进入 MySQL 数据库，其中-h 表示服务器名，localhost 表示本地；-u 为数据库用户名，root 是 MySQL 默认用户名。-p 为密码，如果设置了密码，可直接在-p 后输入，如-p123456；如果用户没有设置密码，在显示 Enter password 时，直接 Enter 键即可。

这时，CMD 命令窗口会提示 mysql 不是内部或外部命令，也不是可运行的程序或批处理文件，需要配置环境变量 Path。

在桌面上右击"此电脑"，在弹出的快捷菜单中选择"属性"→"高级系统设置"→"环境变量"命令，在"环境变量"对话框中将 MySQL 安装路径添加进去，用分号将其他路径分隔开，添加完成后，单击"确定"按钮，这样就完成了配置 Path 变量的操作，然后就可以直接输入 MySQL 命令来登录数据库了。

退出 MySQL 的三种方法如下：

```
mysql > exit;
mysql > quit;
mysql > \q;
```

2.4.3 以 MySQL Command Line Client 方式登录与退出 MySQL 服务器

（1）在安装 MySQL 时，同时安装了客户端 MySQL Command Line Client，在所有应用中找到 MySQL 8.0 Command Line Client，如图 2-19 所示，单击后便可打开 MySQL 客户端。

图 2-19　程序窗口中的 MySQL Command Line Client

（2）打开后如图 2-20 所示。

图 2-20　MySQL 客户端窗口

（3）输入密码 root，如图 2-21 所示，表示登录成功。

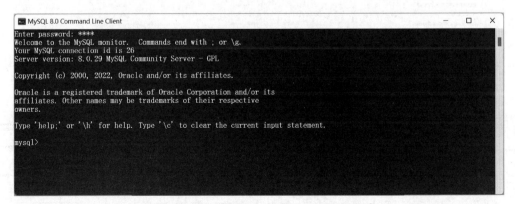

图 2-21　MySQL 客户端登录成功窗口

(4) 登录成功后,可以使用 quit 或者 exit 命令退出登录。

2.4.4　利用 Navicat 图形化管理工具登录 MySQL 服务器

图形化管理工具 Navicat 安装简便,这里不再介绍安装步骤。

(1) 打开图形化管理工具 Navicat,单击"连接"按钮,选择 MySQL,弹出"MySQL-新建连接"对话框,如图 2-22 所示。输入连接名(mytest)和密码,单击"连接测试"按钮,连接成功后如图 2-23 所示。

图 2-22　"MySQL-新建连接"对话框

图 2-23　连接成功

(2) 双击 mytest 连接,打开该连接的 MySQL 服务器中管理的所有数据库,如图 2-24 所示。

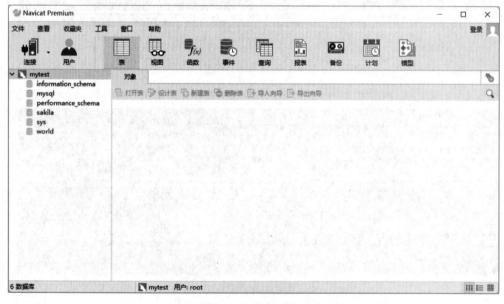

图 2-24　打开连接

此时,用户就可以利用该图形化管理工具管理和操作数据库、表、视图、查询等对象。

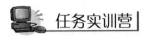 任务实训营

1. 任务实训目的

(1) 能正确安装和配置 MySQL 8.0。

(2) 会使用 MySQL 8.0。

2. 任务实训内容

(1) 安装和配置 MySQL 8.0。

(2) 使用 MySQL 8.0。

 项目小结

本项目介绍 MySQL 8.0 的特性和版本,详细介绍 MySQL 8.0 的安装和配置步骤,阐述如何启动 MySQL 8.0 服务、登录和退出 MySQL 8.0。

学生管理数据库的操作

(1) 已经学会如何连接到 MySQL 8.0,那么 MySQL 8.0 数据库的类型有哪些?
(2) 如何使用 MySQL 8.0 来创建和管理数据库?

掌握:数据库的创建和管理。

3.1 MySQL 数据库的简介

3.1.1 系统数据库

MySQL 安装成功后,将在其 data 目录下自动创建一些数据库,可以使用命令"SHOW DATABASES;"查看,执行命令后如图 3-1 所示。

视频讲解

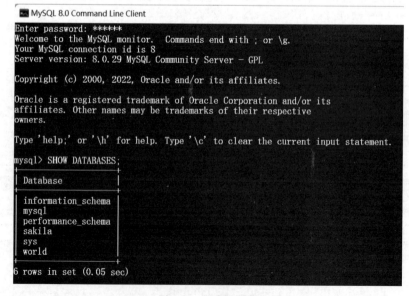

图 3-1 查看数据库

其中，information_schema、mysql、performance_schema 和 sys 是系统数据库，world 是示例数据库，sakila 是样本数据库，细节如下。

（1）information_schema：其中保存着关于 MySQL 服务器维护的所有其他数据库的信息。如数据库名、数据库的表、表栏的数据类型与访问权限等。

（2）mysql：核心数据库，主要负责存储数据库的用户、权限设置、关键字等控制和管理信息。

（3）performance_schema：收集数据库服务器的性能参数。

（4）sys：主要是通过视图的形式把 information_schema 和 performance_schema 结合起来，帮助系统管理员和开发人员监控 MySQL 的技术性能。

（5）world：示例数据库，包含预填充的链接表，表中一般存储一些示例数据等。

（6）sakila：样本数据库，是 MySQL 官方提供的一个模拟 DVD 租赁信息管理的数据库。

3.1.2 用户数据库

用户数据库是指用户根据实际需要自己创建的数据库，如学生管理数据库、销售管理数据库等。

3.2 使用图形化管理工具操作学生管理数据库

可以用 Navicat 图形化管理工具创建和管理数据库。对数据库进行的操作主要包括数据库的创建、修改、删除等。

3.2.1 学生管理数据库的创建

【例 3-1】 使用 Navicat 图形化管理工具创建学生管理数据库 studb。

操作步骤如下。

（1）启动 Navicat 图形化管理工具，右击已连接的服务器节点 mytest，在弹出的快捷菜单中选择"新建数据库"命令，如图 3-2 所示。

（2）在"新建数据库"对话框中，在"数据库名"文本框中输入 studb，"字符集"文本框中选择 gb2312 -- GB2312 Simplified Chinese，"排序规则"文本框中选择 gb2312_chinese_ci，如图 3-3 所示。

（3）单击"确定"按钮，完成 studb 数据库的创建。

图 3-2 选择"新建数据库"命令

视频讲解

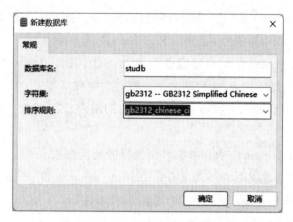

图 3-3 "新建数据库"对话框

3.2.2 学生管理数据库的查看

【例 3-2】 使用 Navicat 图形化管理工具查看所有的数据库。

启动 Navicat 图形化管理工具,已连接的服务器节点 mytest 下方就是所有的数据库,如图 3-4 所示。

说明:在 Navicat 图形化管理工具中创建的数据库,系统会自动将名称中的大写字母转换成小写字母。在实际使用中,大小写不区分。

【例 3-3】 使用 Navicat 图形化管理工具查看例 3-1 中创建的 studb 数据库。

操作步骤如下。

(1)启动 Navicat 图形化管理工具,右击已连接的服务器节点 mytest 下方的 studb 数据库,在弹出的快捷菜单中选择"数据库属性"命令,如图 3-5 所示。

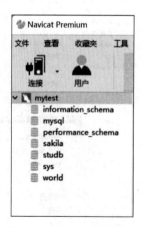

图 3-4 查看所有的数据库

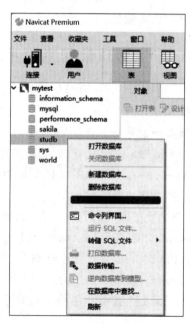

图 3-5 选择"数据库属性"命令

(2) 打开"数据库属性"对话框,可以查看数据库 studb 的信息,如图 3-6 所示。

图 3-6 查看指定数据库的信息

3.2.3 学生管理数据库的修改

【例 3-4】 使用 Navicat 图形化管理工具修改例 3-1 中创建的 studb 数据库。

操作步骤如下。

(1) 启动 Navicat 图形化管理工具,右击已连接的服务器节点 mytest 下方的 studb 数据库,在弹出的快捷菜单中选择"数据库属性"命令,打开"数据库属性"对话框,如图 3-6 所示。

(2) 单击"字符集"和"排序规则"的下拉框进行修改。

3.2.4 学生管理数据库的删除

【例 3-5】 使用 Navicat 图形化管理工具删除例 3-1 中创建的 studb 数据库。

操作步骤如下。

(1) 启动 Navicat 图形化管理工具,右击已连接的服务器节点 mytest 下方的 studb 数据库,在弹出的快捷菜单中选择"删除数据库"命令,如图 3-7 所示。

(2) 在弹出的"确认删除"对话框中,单击"删除"按钮完成删除。

图 3-7 选择"删除数据库"命令

3.3 使用语句操作学生管理数据库

除了使用Navicat图形化管理工具方式创建和管理数据库以外,还可以使用SQL语句创建和管理数据库,下面将介绍如何使用。

3.3.1 创建学生管理数据库

使用CREATE DATABASE命令创建数据库。语法格式如下:

```
CREATE DATABASE 数据库名
[DEFAULT] CHARACTER SET 字符集名
| [DEFAULT] COLLATE 排序规则名;
```

语法说明如下。
(1)语句中"[ ]"内为可选项,"|"表示二选一。
(2)CREATE DATABASE是创建数据库的命令。
(3)数据库名:表示即将创建的数据库名称,数据库的名称必须符合操作系统文件夹的命名规则,不区分大小写。
(4)[DEFAULT] CHARACTER SET:指定数据库的字符集名称,字符集名称要用MySQL支持的具体的字符集名称代替。
(5)[DEFAULT] COLLATE:指定字符集的排序规则,排序规则名要用MySQL支持的具体的校对规则名称代替。

【例3-6】 使用SQL语句创建学生管理数据库stuDB,默认字符集设置为gb2312,排序规则设置为gb2312_chinese_ci。

打开MySQL 8.0 Command Line Client,输入以下语句:

```
CREATE DATABASE stuDB CHARACTER SET gb2312 COLLATE gb2312_chinese_ci;
```

执行结果如图3-8所示。

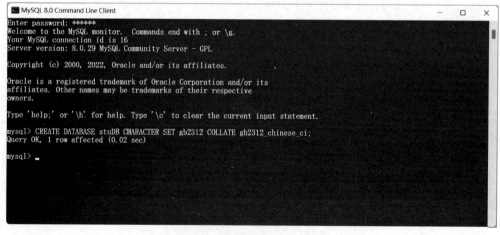

图3-8 成功创建stuDB数据库

3.3.2 查看学生管理数据库

使用 SHOW CREATE DATABASE 语句查看数据库，语法格式如下：

```
SHOW CREATE DATABASE 数据库名;
```

【例 3-7】 使用 SQL 语句查看学生管理数据库 stuDB。

打开 MySQL 8.0 Command Line Client，输入以下语句：

```
SHOW CREATE DATABASE stuDB;
```

执行结果如图 3-9 所示。

图 3-9 查看 stuDB 数据库信息

3.3.3 修改学生管理数据库

数据库创建成功后，如果修改数据库的参数，使用 ALTER DATABASE 命令，语法格式如下：

```
ALTER DATABASE 数据库名
[DEFAULT] CHARACTER SET 字符集名
| [DEFAULT] COLLATE 排序规则名;
```

语法说明参照 CREATE DATABASE 的语法说明。

【例 3-8】 使用 SQL 语句修改学生管理数据库 stuDB，将其字符集设置为 utf8，排序规则设置为 utf8_bin。

打开 MySQL 8.0 Command Line Client，输入以下语句：

```
ALTER DATABASE stuDB CHARACTER SET utf8 COLLATE utf8_bin;
```

执行结果如图 3-10 所示。

图 3-10 修改 stuDB 数据库

可以使用 SHOW 语句查看修改结果，输入以下语句：

```
SHOW CREATE DATABASE stuDB;
```

执行结果如图 3-11 所示，stuDB 数据库的字符编码已修改。

```
mysql> SHOW CREATE DATABASE stuDB;
+----------+--------------------------------------------------------------------------------+
| Database | Create Database                                                                |
+----------+--------------------------------------------------------------------------------+
| stuDB    | CREATE DATABASE `stuDB` /*!40100 DEFAULT CHARACTER SET utf8mb3 COLLATE utf8_bin */ /*!80016 DEFAULT ENCRYPTION='N' */ |
+----------+--------------------------------------------------------------------------------+
1 row in set (0.00 sec)
```

图 3-11　查看结果

3.3.4　打开学生管理数据库

创建数据库后,使用 USE 命令指定当前数据库,语法格式如下:

```
USE 数据库名;
```

【例 3-9】　使用 SQL 语句将学生管理数据库 stuDB 设置为当前操作的数据库。

打开 MySQL 8.0 Command Line Client,输入以下语句:

```
USE stuDB;
```

执行结果如图 3-12 所示。

```
mysql> USE stuDB;
Database changed
```

图 3-12　设置当前数据库

3.3.5　删除学生管理数据库

删除已经创建的数据库使用 DROP DATABASE 命令,语法格式如下:

```
DROP DATABASE [IF EXISTS]数据库名;
```

语法说明如下。

(1) 数据库名:要删除的数据库名称。

(2) IF EXISTS:以避免在删除不存在的数据库时出现 MySQL 错误信息。

【例 3-10】　使用 SQL 语句删除学生管理数据库 stuDB。

打开 MySQL 8.0 Command Line Client,输入以下语句:

```
DROP DATABASE stuDB;
```

执行结果如图 3-13 所示。

```
mysql> DROP DATABASE stuDB;
Query OK, 0 rows affected (0.01 sec)
```

图 3-13　删除 stuDB 数据库

任务实训营

1. 任务实训目的

(1) 掌握使用 Navicat 图形化管理工具创建和管理数据库的方法。

(2) 掌握使用 SQL 语句创建和管理数据库的方法。

2. 任务实训内容

(1) 使用 Navicat 图形化管理工具创建一个名为 studb 的学生管理数据库。

(2) 使用 Navicat 图形化管理工具修改 studb 学生管理数据库的字符集和排序规则，内容自定义。

(3) 使用 Navicat 图形化管理工具将 studb 学生管理数据库删除。

(4) 使用 SQL 语句创建一个名为 studb 的学生管理数据库，默认字符集设置为 gb2312，排序规则设置为 gb2312_chinese_ci。

(5) 使用 SQL 语句查看上一题的创建结果。

(6) 使用 SQL 语句删除 studb 学生管理数据库。

项目小结

本项目介绍 MySQL 系统数据库和用户数据库，介绍如何使用 Navicat 图形化管理工具和 SQL 语句操作、管理数据库。

项目 4 学生管理数据库数据表的操作

任务描述

（1）数据库中最基本的对象是什么？表的定义是什么？在创建它之前，需要掌握哪些知识？

（2）如何使用 MySQL 8.0 创建和管理表？

学习目标

（1）掌握：数据表的创建、修改和删除。

（2）理解：表的定义、MySQL 数据类型。

知识准备

4.1 表的简介

创建完数据库之后，接下来需要创建数据表和定义数据类型。表用于存储数据库中的所有数据，是数据库中最基本、最主要的数据对象。数据类型用来定义数据的存储格式。

4.1.1 MySQL 数据表概述

每个数据库包含若干表。在逻辑上，数据库由大量的表组成，表由行和列组成；在物理上，表存储在文件中，表中的数据存储在页中。表中数据的组织方式和在电子表格中类似，每一行代表一条唯一的记录，每一列代表记录中的一个字段。表 4-1 是一个 student 表。

表 4-1 student 表

学 号	姓 名	性 别	籍 贯	专 业
2201001	王萌	女	南京	移动通信技术
2201002	李刚	男	南通	计算机网络技术
2201003	张岚	女	苏州	软件技术

在 student 表中，student 表代表学生实体，在该实体中存储每名学生的基本信息。

4.1.2 MySQL 数据类型

1. 数值类型

常用数值类型的取值范围如表 4-2 所示。

表 4-2 常用数值类型的取值范围

类型	大小	范围（有符号）	范围（无符号）	用途
tinyint	1 B	(-128～127)	(0,255)	小整数值
smallint	2 B	(-32 768～32 767)	(0,65 535)	大整数值
mediumint	3 B	(-8 388 608～8 388 607)	(0,16 777 215)	大整数值
int	4 B	(-2 147 483 648～2 147 483 647)	(0,4 294 967 295)	大整数值
bigint	8 B	(-9 223 372 036 854 775 808～9 223 372 036 854 775 807)	(0,18 446 744 073 709 551 615)	极大整数值
float	4 B	(-3.402 823 466 E+38～-1.175 494 351 E-38),0,(1.175 494 351 E-38～3.402 823 466 E+38)	0,(1.175 494 351 E-38～3.402 823 466 E+38)	单精度，浮点数值
double	8 B	(-1.797 693 134 862 315 7 E+308～-2.225 073 858 507 201 4 E-308),0,(2.225 073 858 507 201 4 E-308～1.797 693 134 862 315 7 E+308)	0,(2.225 073 858 507 201 4 E-308～1.797 693 134 862 315 7 E+308)	双精度，浮点数值
decimal	对于 decimal (M,D)，如果 M>D，则为 M+2，否则为 D+2。(M,D) 表示该值一共显示 M 位数，其中 D 位于小数点后	依赖 M 和 D	依赖 M 和 D	小数值

2. 字符串类型

字符串类型的大小和用途如表 4-3 所示。

表 4-3 字符串类型的大小和用途

类型	大小	用途
char	0～255 B	定长字符串
varchar	0～65 535 B	变长字符串
tinyblob	0～255 B	不超过 255 个字符的二进制字符串
tinytext	0～255 B	短文本字符串
blob	0～65 535 B	二进制形式的长文本数据
text	0～65 535 B	长文本数据
mediumblob	0～16 777 215 B	二进制形式的中等长度文本数据
mediumtext	0～16 777 215 B	中等长度文本数据
longblob	0～4 294 967 295 B	二进制形式的极大文本数据
longtext	0～4 294 967 295 B	极大文本数据

3. 日期/时间类型

日期/时间类型的取值范围如表 4-4 所示。

表 4-4 日期/时间类型的取值范围

类型	大小	范围	格式	用途
date	4 B	1000-01-01～9999-12-31	YYYY-MM-DD	日期值
time	3 B	'-838:59:59'～'838:59:59'	HH:MM:SS	时间值或持续时间
year	1 B	1901～2155	YYYY	年份值
datetime	8 B	1000-01-01 00:00:00～9999-12-31 23:59:59	YYYY-MM-DD HH:MM:SS	混合日期和时间值
timestamp	4 B	1970-01-01 00:00:00～2038，结束时间是第 2 147 483 647 秒，北京时间 2038-1-19 11:14:07	YYYYMMDD HHMMSS	混合日期和时间值，时间戳

任务实施

4.2 使用图形化管理工具操作学生管理数据库的数据表

可以通过 Navicat 图形化管理工具创建表、查看表、修改表结构、复制表和删除表。

4.2.1 创建学生管理数据库的数据表

视频讲解

【例 4-1】 使用 Navicat 图形化管理工具，在 studb 数据库中新建学生表 student，该表有 5 个字段：stuid(学号)、stuname(姓名)、stusex(性别)、stuage(年龄)、major(专业)。

操作步骤如下。

(1) 启动 Navicat 图形化管理工具，连接 mytest 服务器，双击 studb 数据库，使其处于打开状态，在 studb 数据库下右击"表"节点，在弹出的快捷菜单中选择"新建表"命令，如图 4-1 所示。

项目4　学生管理数据库数据表的操作

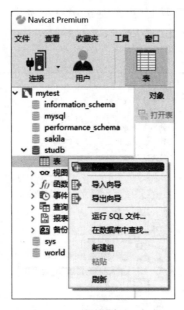

图 4-1　选择"新建表"命令

（2）在打开的设计表窗口中输入表的类型、数据类型、长度、小数位数，并设置是否允许为空，如图 4-2 所示。

名	类型	长度	小数点	不是 null	
stuid	char	12	0	☑	🔑1
stuname	varchar	12	0	☑	
stusex	varchar	2	0	☐	
stuage	int	3	0	☐	
major	varchar	30	0	☐	

图 4-2　设计表窗口

（3）输入完毕后，单击工具栏上"保存"按钮，打开"表名"对话框，输入表名 student，如图 4-3 所示。

图 4-3　"表名"对话框

4.2.2　查看学生管理数据库的数据表

【例 4-2】　使用 Navicat 图形化管理工具，在 studb 数据库中查看 student 数据表。操作步骤如下。

（1）启动 Navicat 图形化管理工具，连接 mytest 服务器，双击 studb 数据库，使其处于打开状态，在 studb 数据库下单击"表"节点，再右击 student 选项，在弹出的快捷菜单中选择"设计表"命令，如图 4-4 所示。

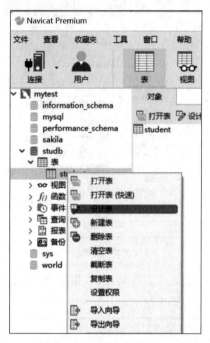

图 4-4　选择"设计表"命令

（2）打开设计表窗口，可以查看到 student 的表结构，如图 4-5 所示。

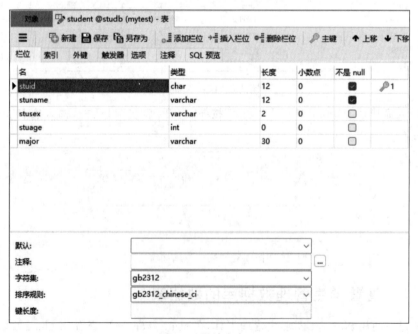

图 4-5　设计表窗口

4.2.3 修改学生管理数据库的数据表

1. 重命名表

【例 4-3】 使用 Navicat 图形化管理工具将学生管理数据库 studb 中的 student 表名修改为 stutest。

操作步骤如下。

（1）启动 Navicat 图形化管理工具，连接 mytest 服务器，双击 studb 数据库，使其处于打开状态，在 studb 数据库下单击"表"节点，再右击 student 选项，在弹出的快捷菜单中选择"重命名"命令，如图 4-6 所示。

（2）输入 stutest 作为新的表名，按 Enter 键即可修改。

2. 添加列

在使用的过程中，如果表中需要添加项目，可以给表添加列。

【例 4-4】 使用 Navicat 图形化管理工具向表 stutest 添加"memo（备注）"列，数据类型为 varchar，长度为 100，允许为空值。

操作步骤如下。

（1）启动 Navicat 图形化管理工具，连接 mytest 服务器，双击 studb 数据库，使其处于打开状态，在 studb 数据库下单击"表"节点，再右击 stutest 选项，在弹出的快捷菜单中选择"设计表"命令。

图 4-6 选择"重命名"命令

（2）打开设计表窗口，在所有列的后面输入列名 memo，在"类型"下拉列表框中选择 varchar 选项，长度为 100，不勾选"不是 null"。

（3）单击工具栏中的"保存"按钮，完成添加列，如图 4-7 所示。

图 4-7 向表 stutest 添加列

3. 删除列

在使用过程中，表中不再需要的列，可以进行删除。

【例 4-5】 使用 Navicat 图形化管理工具删除例 4-4 中表 stutest 添加的"memo(备注)"列。

操作步骤如下。

(1) 启动 Navicat 图形化管理工具,连接 mytest 服务器,双击 studb 数据库,使其处于打开状态,在 studb 数据库下单击"表"节点,再右击 stutest 选项,在弹出的快捷菜单中选择"设计表"命令。

(2) 打开设计表窗口,选择 memo 列,右击,在弹出的快捷菜单中选择"删除栏位"命令,如图 4-8 所示。

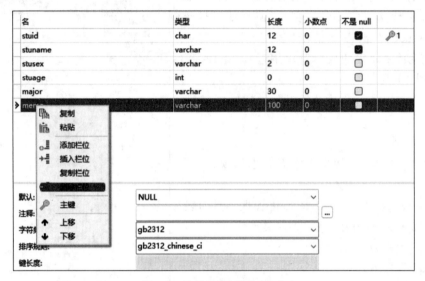

图 4-8 选择"删除栏位"命令

(3) 执行后,memo 列被删除,单击工具栏中的"保存"按钮。

4. 修改列属性

修改列属性包括更改列名、数据类型、长度和是否允许为空值等属性。

【例 4-6】 使用 Navicat 图形化管理工具在 stutest 表中,将 stuage 修改为 birthday,数据类型修改为 datetime。

操作步骤如下。

(1) 启动 Navicat 图形化管理工具,连接 mytest 服务器,双击 studb 数据库,使其处于打开状态,在 studb 数据库下单击"表"节点,再右击 stutest 选项,在弹出的快捷菜单中选择"设计表"命令。

(2) 打开设计表窗口,选择 stuage 列,输入列名为 birthday,在"类型"下拉列表框中选择 datetime 选项,如图 4-9 所示。

图 4-9 修改列后的设计表窗口

(3) 单击工具栏中的"保存"按钮,保存修改后的表。

4.2.4 复制学生管理数据库的数据表

【例 4-7】 使用 Navicat 图形化管理工具复制 stutest 表的结构。

操作步骤如下。

(1) 启动 Navicat 图形化管理工具,连接 mytest 服务器,双击 studb 数据库,使其处于打开状态,在 studb 数据库下单击"表"节点,再右击 stutest 选项,在弹出的快捷菜单中选择"复制表"命令,如图 4-10 所示。

(2) 系统自动产生一个 stutest_copy 表,如图 4-11 所示。

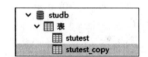

图 4-10 选择"复制表"命令　　图 4-11 产生一个 stutest_copy 表

4.2.5 删除学生管理数据库的数据表

在使用过程中,有时需要删除表,删除表后,该表的结构定义、数据、全文索引、约束和索引都从数据库中永久删除。

【例 4-8】 使用 Navicat 图形化管理工具删除 stutest 表。

操作步骤如下。

(1) 启动 Navicat 图形化管理工具,连接 mytest 服务器,双击 studb 数据库,使其处于打开状态,在 studb 数据库下单击"表"节点,再右击 stutest 选项,在弹出的快捷菜单中选择"删除表"命令,如图 4-12 所示。

(2) 弹出"确认删除"对话框,单击"删除"按钮,即可删除表 stutest。

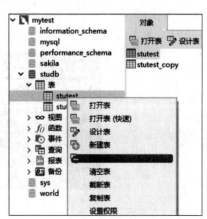

图 4-12 选择"删除表"命令

4.3 使用语句操作学生管理数据库的数据表

4.3.1 创建学生管理数据库的数据表

使用 SQL 语句创建表的语法格式如下：

CREATE TABLE <表名> ([表定义选项])[表选项][分区选项];

其中,[表定义选项]的格式为：

<列名1><类型1>[,…]<列名n><类型n>

语法说明如下。
(1) 表名：表示要创建的表的名称。必须符合标识符命名规则。
(2) 表定义选项：由列名、数据类型以及可能的空值说明、完整性约束或表索引组成。
提示：使用 CREATE TABLE 创建表时,必须指定以下信息。

要创建的表的名称不区分大小写,不能使用 SQL 中的关键字,如 DROP、ALTER、INSERT 等。数据表中每个列(字段)的名称和数据类型是必需的,如果创建多个列,要用逗号隔开。

视频讲解

【**例 4-9**】 使用 SQL 语句在 stuDB 数据库中新建学生表 student,该表有 5 个字段：stuid(学号)、stuname(姓名)、stusex(性别)、stuage(年龄)、major(专业)。

打开 MySQL 8.0 Command Line Client,输入以下语句：

```
USE stuDB
CREATE TABLE student
(
stuid char(12) NOT NULL PRIMARY KEY,
stuname char(8),
stusex char(2),
stuage int,
major varchar(20)
);
```

执行结果如图 4-13 所示。

图 4-13 成功创建 student 表

4.3.2 查看学生管理数据库的数据表

1. 查看表结构

数据表创建成功后,可以使用 SQL 语句查看表结构。

语法格式如下:

```
Describe 表名;
```

【例 4-10】 使用 SQL 语句查看 student 的表结构。

打开 MySQL 8.0 Command Line Client,输入以下语句:

```
Describe student;
```

执行结果如图 4-14 所示。

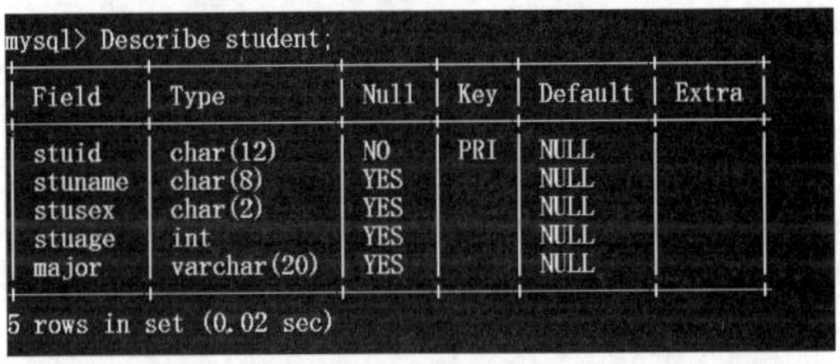

```
mysql> Describe student;
+---------+-------------+------+-----+---------+-------+
| Field   | Type        | Null | Key | Default | Extra |
+---------+-------------+------+-----+---------+-------+
| stuid   | char(12)    | NO   | PRI | NULL    |       |
| stuname | char(8)     | YES  |     | NULL    |       |
| stusex  | char(2)     | YES  |     | NULL    |       |
| stuage  | int         | YES  |     | NULL    |       |
| major   | varchar(20) | YES  |     | NULL    |       |
+---------+-------------+------+-----+---------+-------+
5 rows in set (0.02 sec)
```

图 4-14 查看表结构

2. 查看详细表结构

使用 SHOW CREATE TABLE 不仅可以查看表的详细结构,还可以查看表使用的默认的存储引擎和字符编码,语法格式如下:

```
SHOW CREATE TABLE 表名;
```

【例 4-11】 使用 SQL 语句查看 student 表的详细结构。

打开 MySQL 8.0 Command Line Client,输入以下语句:

```
SHOW CREATE TABLE student;
```

执行结果如图 4-15 所示。

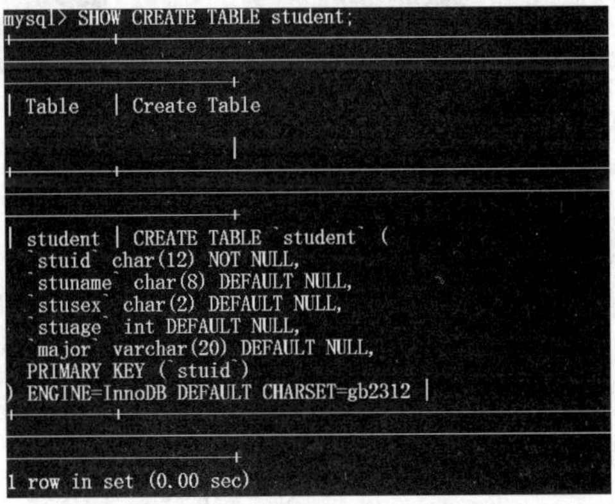

```
mysql> SHOW CREATE TABLE student;
+---------+--------------------------------------------+
| Table   | Create Table                               |
+---------+--------------------------------------------+
| student | CREATE TABLE `student` (
  `stuid` char(12) NOT NULL,
  `stuname` char(8) DEFAULT NULL,
  `stusex` char(2) DEFAULT NULL,
  `stuage` int DEFAULT NULL,
  `major` varchar(20) DEFAULT NULL,
  PRIMARY KEY (`stuid`)
) ENGINE=InnoDB DEFAULT CHARSET=gb2312 |
+---------+--------------------------------------------+
1 row in set (0.00 sec)
```

图 4-15 查看详细的表结构

3. 查看当前数据库所有表的名称

使用 SHOW TABLES 查看当前数据库所有表的名称。

【例 4-12】 使用 SQL 语句查看 studb 数据库里所有表的名称。

打开 MySQL 8.0 Command Line Client，输入以下语句：

```
SHOW TABLES;
```

执行结果如图 4-16 所示。

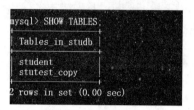

图 4-16 查看所有表的名称

4.3.3 修改学生管理数据库的数据表

1. 重命名表

用 SQL 语句重命名表的语法格式如下：

```
ALTER TABLE 原表名 RENAME 新表名;
```

【例 4-13】 使用 SQL 语句将学生管理数据库 studb 中的 student 表更名为 student_new。

打开 MySQL 8.0 Command Line Client，输入以下语句：

```
ALTER TABLE student RENAME student_new;
```

执行结果如图 4-17 所示。

修改表名后，可以使用 SHOW TABLES 查看是否修改成功，执行结果如图 4-18 所示。

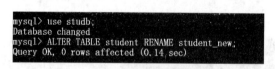

图 4-17 修改表名

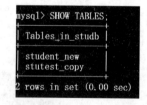

图 4-18 查看表名是否修改成功

2. 增加列

使用 SQL 语句增加列的语法格式如下：

```
ALTER TABLE 表名 ADD 列名 数据类型;
```

【例 4-14】 使用 SQL 语句在 student_new 表中增加"memo（备注）"列，数据类型为 varchar，长度为 100，允许为空值。

打开 MySQL 8.0 Command Line Client，输入以下语句：

```
ALTER TABLE student_new
    ADD memo varchar(100) NULL;
```

执行结果如图 4-19 所示。

```
mysql> ALTER TABLE student_new
    -> ADD memo varchar(100) NULL;
Query OK, 0 rows affected (0.09 sec)
Records: 0  Duplicates: 0  Warnings: 0
```

图 4-19　增加列

3. 删除列

当表中列不再需要时,可以使用 SQL 语句删除,语法格式如下:

```
ALTER TABLE 表名 DROP 列名;
```

【例 4-15】 使用 SQL 语句删除 student_new 表的"memo(备注)"列。

打开 MySQL 8.0 Command Line Client,输入以下语句:

```
ALTER TABLE student_new
DROP memo;
```

执行结果如图 4-20 所示。

```
mysql> ALTER TABLE student_new
    -> DROP memo;
Query OK, 0 rows affected (0.08 sec)
Records: 0  Duplicates: 0  Warnings: 0
```

图 4-20　删除列

执行后,使用 DESCRIBE 语句查看 student_new 表,这时该表不再有 memo 列,如图 4-21 所示。

```
mysql> DESCRIBE student_new;
+----------+-------------+------+-----+---------+-------+
| Field    | Type        | Null | Key | Default | Extra |
+----------+-------------+------+-----+---------+-------+
| stuid    | char(12)    | NO   | PRI | NULL    |       |
| stuname  | char(8)     | YES  |     | NULL    |       |
| stusex   | char(2)     | YES  |     | NULL    |       |
| stuage   | int         | YES  |     | NULL    |       |
| major    | varchar(20) | YES  |     | NULL    |       |
+----------+-------------+------+-----+---------+-------+
5 rows in set (0.05 sec)
```

图 4-21　查看 student_new 表

4. 修改列属性

使用 SQL 语句可以修改表中列的数据类型或者长度,语法格式如下:

```
ALTER TABLE 表名 MODIFY 列名 新数据类型;
```

【例 4-16】 使用 SQL 语句在 student_new 表中,将 stuage 的数据类型修改为 datetime,将 stuname 的长度改为 12。

打开 MySQL 8.0 Command Line Client,输入以下语句:

```
ALTER TABLE student_new
MODIFY stuage datetime;
ALTER TABLE student_new
MODIFY stuname char(12);
```

执行结果如图 4-22 所示。

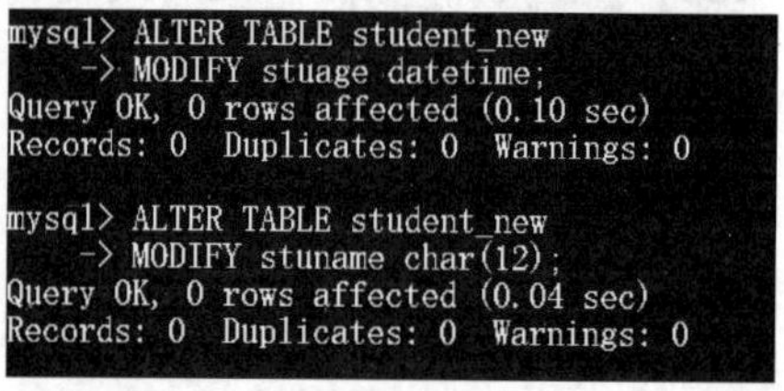

图 4-22　修改列的数据类型和长度

4.3.4　复制学生管理数据库的数据表

当需要新建的数据表和已有的数据表的结构相同时，可以采用复制表的方法复制已有的数据表的结构。使用 SQL 语句，语法格式如下：

```
CREATE TABLE 新表名 LIKE 源表名;
```

【例 4-17】　使用 SQL 语句创建与 student_new 表结构相同的新表 student。

打开 MySQL 8.0 Command Line Client，输入以下语句：

```
CREATE TABLE student
LIKE student_new;
```

执行结果如图 4-23 所示。

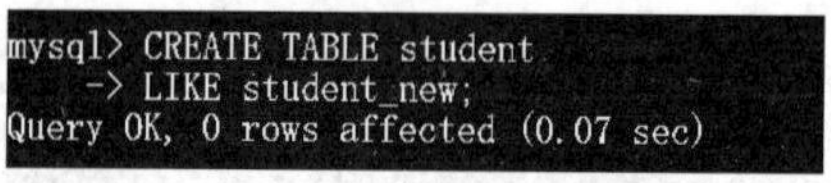

图 4-23　复制表结构

4.3.5　删除学生管理数据库的数据表

使用 SQL 语句删除数据表，语法格式如下：

```
DROP TABLE 表名;
```

同时删除多个表时，表名和表名之间用","隔开。

【例 4-18】　使用 SQL 语句将 student_new、student、stutest_copy 表删除。

打开 MySQL 8.0 Command Line Client，输入以下语句：

```
DROP TABLE student_new,student,stutest_copy;
```

执行结果如图 4-24 所示。

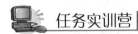

图 4-24　删除表

任务实训营

1. 任务实训目的

（1）掌握使用 Navicat 图形化管理工具创建和管理数据表的方法。

（2）掌握使用 SQL 语句创建和管理数据表的方法。

2. 任务实训内容

（1）创建 studb 学生管理数据库，使用 Navicat 图形化管理工具在该数据库中创建 Department（系部）表，表定义如表 4-5 所示。

表 4-5　Department（系部）表

列　　名	类　　型	长　　度	是否允许为空	描　　述
DepartID	char	8	否	系号
DepartName	char	20	是	系名
Chariman	char	10	是	系主任
Office	char	30	是	系办公室

（2）使用 Navicat 图形化管理工具将 Department 表中的 DepartName 长度修改为 30。

（3）使用 SQL 语句创建 Student（学生）表，表定义如表 4-6 所示。

表 4-6　Student（学生）表

列　　名	类　　型	长　　度	是否允许为空	描　　述
StuID	char	10	否	学号
StuName	char	12	是	姓名
Sex	char	2	是	性别
Age	int	2	是	年龄
DepartID	char	8	否	系号

（4）使用 SQL 语句将 Student（学生）表重命名为 Stu。

（5）使用 SQL 语句将 StuID 的长度修改为 12，并设置其数据类型为 varchar。

（6）使用 SQL 语句向 Stu 表中添加 DepartName 列，数据类型为 char，长度为 20。

（7）使用 SQL 语句将 Stu 表的 DepartName 列删除。

（8）使用 SQL 语句复制 Stu 表，表名为 Stu_new。

（9）使用 SQL 语句将 Stu_new 表删除。

（10）使用 SQL 语句查看 studb 里有没有数据表。

项目小结

本项目介绍数据表的定义和数据类型，以及使用 Navicat 图形化管理工具和 SQL 语句创建、管理表。

项目 5
学生管理数据库数据的操作

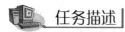 任务描述

（1）虽然表已创建好，但它是空的，那么如何往表里添加数据？添加数据之后，又如何进行管理？

（2）在向表中操纵数据时，如何避免输入无效的数据？

（3）数据完整性有哪些类型？它们分别可以避免哪些类型的无效数据？

（4）如何在实际操作时实现数据完整性？

 学习目标

（1）掌握：表数据的添加，数据完整性的实现。

（2）理解：数据完整性的概念和类型，约束的类型。

 知识准备

5.1 数据完整性概述

数据库中的数据是从外界输入的，在向数据库中添加、修改和删除数据时，难免会因手工输入而产生各种错误。如何保证和维护数据的正确性、一致性和可靠性，成为数据库系统关注的问题。利用约束、默认和规则来维护数据的完整性，可以避免大部分无效数据的产生。

5.1.1 数据完整性的概念

数据完整性用于保证数据库中数据的正确性、一致性和可靠性，防止数据库中存在不符合语义规定的数据以及因错误信息的输入输出导致无效操作或产生错误信息。

5.1.2 数据完整性的类型

1. 实体完整性

实体完整性又称为行完整性，规定表的每一行在表中是唯一的实体。实体完整性通过索引、PRIMARY KEY 约束、UNIQUE 约束或 IDENTITY 属性实现。如 student 表中 sno（学号）的取值必须唯一，它唯一标识了相应记录所代表的学生。学生的姓名不能作为主键，因为完全可能存在两名学生同名同姓的情况。

2. 域完整性

域完整性又称为列完整性,保证指定列的数据具有正确的数据类型、格式和有效的数据范围。域完整性通过 FOREIGN KEY 约束、CHECK 约束、DEFAULT 约束、NOT NULL 定义和规则实现。如学生的考试成绩必须为 0~100,性别只能是"男"或"女"。

3. 参照完整性

参照完整性又称为引用完整性,是指两个表的主键和外键的数据应对应一致。它确保了有主关键字的表中对应其他表的外关键字的行存在,即保证了表之间的数据的一致性。参照完整性是建立在外关键字和主关键字之间或外关键字和唯一性关键字之间的关系上的,包含外关键字的表称为从表,被从表引用或参照的表称为主表。参照完整性的作用体现在几个方面:若主表中无关联的记录时,则不能将记录添加或更改到相关表中;若可能导致相关表中生成孤立记录时,则不能更改主表中的该值;若存在与某记录匹配的相关记录时,则不能从主表中删除该记录。例如学生学习课程的课程号必须是有效的课程号,score(成绩)表的外键 cno(课程号)将参考 course(课程)表中主键 cno(课程号)以实现数据完整性。

5.2 实现约束

视频讲解

约束是强制数据完整性的首选方法。约束是通过限制列中数据、行中数据以及表之间数据取值从而实现数据完整性的方法。定义约束可以在创建表时设置,也可以在修改表时添加约束。

5.2.1 PRIMARY KEY(主键)约束

PRIMARY KEY 约束在表中定义一个主键,唯一地标识表中的行。一个表应有一个 PRIMARY KEY 约束,且只能有一个 PRIMARY KEY 约束。PRIMARY KEY 约束中的列不能接受空值和重复值。

若已有 PRIMARY KEY 约束,要将新列作为主键,则必须先删除现有的 PRIMARY KEY 约束,然后再创建新的主键;当 PRIMARY KEY 约束由另一个表的 FOREIGN KEY 约束引用时,不能删除被引用的 PRIMARY KEY 约束,要删除它,必须先删除引用的 FOREIGN KEY 约束。主键可以是一列,也可以是多列组合的复合主键。

5.2.2 DEFAULT(默认值)约束

DEFAULT 约束是在用户未提供某些列的数据时,数据库系统为用户提供的默认值。表的每一列都可以包含一个 DEFAULT 定义。可以修改或删除现有的 DEFAULT 定义,但必须先删除已有的 DEFAULT 定义,然后通过新定义重新创建。默认值必须与 DEFAULT 定义适用的列的数据类型一致,每一列只能定义一个默认值。

5.2.3 CHECK 约束

CHECK 约束是限制用户输入某一列的数据取值,即该列只能输入一定范围的数据。

也就是只有符合 CHECK 约束条件的数据才能输入。CHECK 约束可以作为表定义的一部分在创建表时创建,也可以添加到现有表中。在一个表中可以创建多个 CHECK 约束,在一列上也可以创建多个 CHECK 约束。

5.2.4 UNIQUE 约束

由于一个表只能定义一个主键,而在实际应用中,表中可能有多列的值需要是唯一的,可以使用 UNIQUE 约束确保在非主键列中不输入重复值。要强制一列或多列组合(不是主键)的唯一性时应使用 UNIQUE 约束。与 PRIMARY KEY 约束不同的是,一个表可以定义多个 UNIQUE 约束,允许列为空值,但空值只能出现一次。

5.2.5 NOT NULL 约束

在设计表时,表中的列可以定义为允许或不允许空值。如果允许某列可以不输入数据,则该列定义为 NULL 约束;如果某列必须输入数据,则该列定义为 NOT NULL 约束。默认情况下,列允许为 NULL。NULL 通常表示值未知或未定义。NULL 不同于零、空白或长度为零的字符串,NULL 表示用户还没有为该列输入值。

5.2.6 FOREIGN KEY 约束

FOREIGN KEY 约束用于强制实现参照完整性,保证了数据库中表数据的一致性和正确性。FOREIGN KEY 约束可以规定表中的某列参照同一个表或另外一个表中已有的 PRIMARY KEY 约束或 UNIQUE 约束的列。FOREIGN KEY 约束可以在创建表时创建,也可以向现有表添加 FOREIGN KEY 约束。一个表可以有多个 FOREIGN KEY 约束。

任务实施

5.3 使用图形化管理工具操作学生管理数据库表数据

5.3.1 插入学生管理数据库表数据

视频讲解

【例 5-1】假设学生管理数据库 studb 存在,其中的 student 表中的结构如图 5-1 所示,先建立 student 表,使用 Navicat 图形化管理工具向 student 表中插入如表 5-1 所示的数据(假设 student 表已创建好)。

名	类型	长度	小数点	不是 null	
stuid	char	12	0	☑	🔑1
stuname	char	10	0	☐	
sex	char	2	0	☐	
age	int	2	0	☐	
major	char	50	0	☐	

图 5-1 student 表结构

表 5-1　student 表中插入的数据

stuid	stuname	sex	age	major
2210001	张白	男	19	计算机网络技术
2210002	李小红	女	18	软件技术
2210003	王文	男	19	计算机应用技术

操作步骤如下。

(1) 启动 Navicat 图形化管理工具，连接 mytest 服务器，双击 studb 数据库，使其处于打开状态，在 studb 数据库下单击"表"节点，在对象窗口中选中 student 表，如图 5-2 所示。

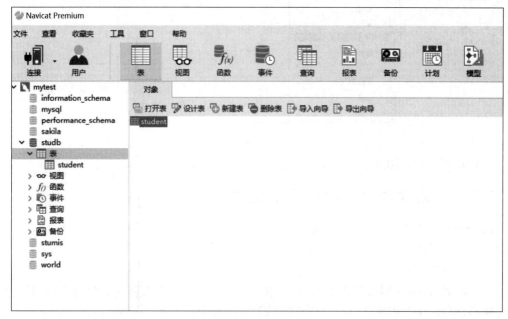

图 5-2　选中 student 表

(2) 单击工具栏中的"打开表"按钮，打开编辑窗口，将表 5-1 里的数据添加到 student 表中，如图 5-3 所示。

图 5-3　插入数据

(3) 当数据录入完毕后，单击状态栏中的"√"按钮完成保存。

5.3.2　删除学生管理数据库表数据

在使用过程中，表中的一些数据可能不再需要，这时可以将其删除。

【例 5-2】　使用 Navicat 图形化管理工具删除 student 表中学号为 2210003 同学的信息。
操作步骤如下。

(1) 启动 Navicat 图形化管理工具，连接 mytest 服务器，双击 studb 数据库，使其处于打开状态,在 studb 数据库下单击"表"节点,在对象窗口中双击 student 表,打开 student 表。

(2) 定位学号为 2210003 的记录行,单击该行最前面的黑色箭头,选择该行后,右击,在弹出的快捷菜单中选择"删除记录"命令,如图 5-4 所示。

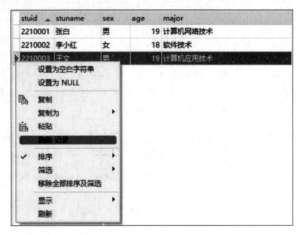

图 5-4 选择"删除记录"命令

(3) 弹出一个"确认删除"对话框,单击"删除一条记录"按钮,删除所选行。

5.3.3 修改学生管理数据库表数据

【例 5-3】 使用 Navicat 图形化管理工具修改 student 表中学号为 2210002 同学的信息,将 age 修改为 19。

操作步骤如下。

(1) 启动 Navicat 图形化管理工具,连接 mytest 服务器,双击 studb 数据库,使其处于打开状态,在 studb 数据库下单击"表"节点,在对象窗口中双击 student 表,打开 student 表。

(2) 直接在学号为 2210002 同学的 age 字段中修改,将 18 修改为 19,如图 5-5 所示。

图 5-5 修改表中数据

(3) 单击状态栏中的"√"按钮完成保存。

5.4 使用语句操作学生管理数据库表数据

对表数据的操作除了使用 Navicat 图形化管理工具外,还可以使用 SQL 语句。

5.4.1 插入学生管理数据库表数据

1. 使用 INSERT 语句向表中插入数据

通过 INSERT 语句可以向表中添加一行或多行数据,语法格式如下:

```
INSERT INTO 表名 [(字段列表)] VALUES (值列表 1)[(值列表 2),…(值列表 n)];
```

语法说明如下。

(1) 表名：指定插入新数据的表的名称。

(2) 字段列表：指定数据表的列名，必须用圆括号将字段列表括起来，当指定多个列时，各列之间用逗号隔开；当向表中的所有字段插入数据时，字段列表可以省略。

(3) 值列表：指定插入的新数据值。[(值列表 2),…(值列表 n)]为可选项，表示多条记录对应的数据。每个值列表都必须用圆括号括起来，列表间用逗号分隔。

重要提示：

在插入数据时要注意：
- 数据值的数量和顺序必须与字段名列表中的数量和顺序一样。
- 数据值的数据类型必须与表的列中的数据类型匹配，否则插入失败。
- 数据值如果采用默认值则写 DEFAULT；如果是空值则写 NULL。
- 插入数据类型如果是字符型、日期型，则必须用单引号。

1) 向表中的部分列插入数据

【例 5-4】 使用 SQL 语句向学生管理数据库 studb 的 student 表中插入一条新数据，其中 stuid 为 2210004，stuname 为"白林"，sex 为"女"。

视频讲解

打开 MySQL 8.0 Command Line Client，输入以下语句：

```
INSERT INTO student(stuid,stuname,sex)
VALUES('2210004','白林','女');
```

执行结果如图 5-6 所示。

```
mysql> INSERT INTO student(stuid,stuname,sex)
    -> VALUES('2210004','白林','女');
Query OK, 1 row affected (0.01 sec)
```

图 5-6 添加一条数据的执行结果

2) 向表中的所有列插入数据。

【例 5-5】 使用 SQL 语句向学生管理数据库 studb 的 student 表中插入一条新数据，其中 stuid 为 2210005，stuname 为"杨辰"，sex 为"男"，age 为 19，major 为 NULL。

打开 MySQL 8.0 Command Line Client，输入以下语句：

```
INSERT INTO student
VALUES('2210005','杨辰','男',19,NULL);
```

执行结果如图 5-7 所示。

```
mysql> INSERT INTO student
    -> VALUES('2210005','杨辰','男',19,NULL);
Query OK, 1 row affected (0.02 sec)
```

图 5-7 向表中的所有列添加数据

3) 向表中插入多条数据

【例 5-6】 使用 SQL 语句向学生管理数据库 studb 的 student 表的部分列插入三条新数据。

打开 MySQL 8.0 Command Line Client，输入以下语句：

```
INSERT INTO student(stuid,stuname,sex,age)
VALUES('2210006','张鹏','男',19),
      ('2210007','刘刚','男',20),
      ('2210008','苏宏','女',18);
```

执行结果如图 5-8 所示。

```
mysql> INSERT INTO student(stuid,stuname,sex,age)
    -> VALUES('2210006','张鹏','男',19),
    ->       ('2210007','刘刚','男',20),
    ->       ('2210008','苏宏','女',18);
Query OK, 3 rows affected (0.01 sec)
Records: 3  Duplicates: 0  Warnings: 0
```

图 5-8　向表中部分列添加三条数据

2. 使用 INSERT…SELECT 语句插入数据

使用 INSERT…SELECT 语句可以将某一个表中的数据插入另一个新数据表中,语法格式如下:

```
INSERT INTO 目标数据表名(字段列表1)
SELECT 字段列表2
FROM 源数据表名
WHERE 条件表达式;
```

语法说明如下。

(1) 目标数据表名:指定要插入的新表名称。

(2) SELECT:用于检索数据。

(3) 字段列表 2:要检索的列表。该列与 INSERT 中的字段列表 1 的数量和顺序必须相同,列的数据类型和长度相同或者可以进行转换。

(4) 源数据表名:表的名称。该表必须是已存在的表。

(5) 条件表达式:指定插入的数据应满足的条件。

【例 5-7】 使用 SQL 语句将 student 表中性别是"男"的同学记录插入 student_copy 表中。

打开 MySQL 8.0 Command Line Client,输入以下语句:

```
CREATE TABLE student_copy
(学号 char(12) NOT NULL,
姓名 char(10),
性别 char(2)
);
```

用 INSERT INTO 语句向 student_copy 表中插入数据:

```
INSERT INTO student_copy
SELECT stuid,stuname,sex
FROM student
WHERE sex = '男';
```

执行结果如图 5-9 所示。

```
mysql> CREATE TABLE student_copy
    -> (学号 char(12)NOT NULL,
    -> 姓名 char(10),
    -> 性别 char(2)
    -> );
Query OK, 0 rows affected (0.29 sec)

mysql> INSERT INTO student_copy
    -> SELECT stuid,stuname,sex
    -> FROM student
    -> WHERE sex='男';
Query OK, 4 rows affected (0.06 sec)
Records: 4  Duplicates: 0  Warnings: 0
```

图 5-9 创建表并添加数据

5.4.2 修改学生管理数据库表数据

在使用过程中,根据实际情况有时需要修改表中的数据,修改数据的语法格式如下:

UPDATE 表名
SET 字段名 1 = 值 1,字段名 2 = 值 2,…,字段名 n = 值 n
[WHERE 条件表达式];

语法说明如下。
(1) UPDATE:修改数据的关键字。
(2) 表名:指定要修改数据的表名。
(3) SET 字段名 1=值 1:指定要更新的列及该列的新值。
(4) 条件表达式:指定被更新的记录应满足的条件。

【例 5-8】 使用 SQL 语句将 student 表中学号为 2210005 的 age 由 19 修改为 18。
打开 MySQL 8.0 Command Line Client,输入以下语句:

UPDATE student
SET age = 18
WHERE stuid = '2210005';

执行结果如图 5-10 所示。

【例 5-9】 使用 SQL 语句将 student 表中所有学生的 major 更新为"计算机网络技术"。
打开 MySQL 8.0 Command Line Client,输入以下语句:

UPDATE student
SET major = '计算机网络技术';

执行结果如图 5-11 所示。

```
mysql> UPDATE student
    -> SET age=18
    -> WHERE stuid='2210005';
Query OK, 1 row affected (0.01 sec)
Rows matched: 1  Changed: 1  Warnings: 0
```

```
mysql> UPDATE student
    -> SET major='计算机网络技术'
    -> ;
Query OK, 6 rows affected (0.01 sec)
Rows matched: 7  Changed: 6  Warnings: 0
```

图 5-10 更新数据　　　　　　　　图 5-11 更新数据

5.4.3 删除学生管理数据库表数据

在 MySQL 中,使用 DELETE 语句可以删除表中的一行或多行数据,或者使用 TRUNCATE 语句删除表中的所有数据。

1. 使用 DELETE 语句删除数据

语法格式如下:

```
DELETE FROM 表名
[WHERE 条件表达式];
```

语法说明如下。

(1) 表名:删除数据的表的名称。

(2) 条件表达式:指定被删除的记录应满足的条件。若省略 WHERE 语句则删除表中所有的数据。

【例 5-10】 使用 SQL 语句删除 student 表中 age 为 18 的学生数据。

打开 MySQL 8.0 Command Line Client,输入以下语句:

```
DELETE FROM student
WHERE age = 18;
```

执行结果如图 5-12 所示。

```
mysql> DELETE FROM student
    -> WHERE age=18;
Query OK, 2 rows affected (0.02 sec)
```

图 5-12 删除数据

重要提示:如果 DELETE 语句中没有 WHERE 子句的限制,则表中所有数据均被删除。

2. 使用 TRUNCATE 语句删除数据

使用 DELETE 语句删除记录时,若要删除表中的所有记录,且表中记录很多时,则删除命令执行较慢。在删除表中所有数据时,使用 TRUNCATE TABLE 语句速度更快。

语法格式如下:

```
TRUNCATE TABLE 表名;
```

【例 5-11】 使用 SQL 语句删除 student 表中的所有数据。

打开 MySQL 8.0 Command Line Client,输入以下语句:

```
TRUNCATE TABLE student;
```

执行结果如图 5-13 所示。

说明:TRUNCATE TABLE 在功能上与不带 WHERE 子句的 DELETE 语句相同;TRUNCATE 语句不能带 WHERE 子句,所以它只能删除表中的

```
mysql> TRUNCATE TABLE student;
Query OK, 0 rows affected (0.10 sec)
```

图 5-13 删除表中的所有数据

所有数据;TRUNCATE 语句删除表中的数据后,再向表中插入数据时,自动增加的字段默认初始值重新从 1 开始;使用 DELETE 语句删除表中的所有数据后,再向表中插入数据时,自动增加的字段值会从记录中该字段最大值加 1 开始编号;DELETE 语句每删除一行

数据都会记录在系统操作日志中，TRUNCATE 语句在删除数据时，不会在日志中记录删除的内容，无法恢复数据，所以在使用时需要慎重。

5.5 实现学生管理数据库表约束

当定义了数据完整性约束，每次更新数据时，MySQL 都会检验数据内容是否符合相应的完整性约束条件，只有符合完整性约束条件的数据才被允许更新。在定义约束前，应先确定约束的类型，不同类型的约束强制不同类型的数据完整性。约束可以使用 Navicat 图形化管理工具和 SQL 语句设置。

5.5.1 PRIMARY KEY 约束

1. 使用 Navicat 图形化管理工具设置 PRIMARY KEY 约束

【例 5-12】 使用 Navicat 图形化管理工具设置 studb 数据库中的 student 表中 stuid 字段为主键。

操作步骤如下。

(1) 启动 Navicat 图形化管理工具，连接 mytest 服务器，双击 studb 数据库，使其处于打开状态，在 studb 数据库下单击"表"节点，选中 student 表，在对象窗口中单击"设计表"。

(2) 选择 stuid 列，右击，从弹出的快捷菜单中选择"主键"命令，如图 5-14 所示。

图 5-14 设置主键

(3) 此时，该行的最后一列会出现一个"钥匙"图标，单击工具栏中的"保存"按钮，关闭窗口即可。

2. 使用 SQL 语句设置 PRIMARY KEY 约束

创建表时可通过定义 PRIMARY KEY 约束来创建主键。可以使用两种方式定义主键来作为列或表的完整性约束。作为列的完整性约束时，只需在列定义时加上关键字 PRIMARY KEY。作为表的完整性约束时，需要在语句最后加上一条 PRIMARY KEY(列名,…)语句。

【例 5-13】 在 studb 数据库中使用 SQL 语句创建 teacher 表，将 teacid 列定义为 PRIMARY KEY 约束。

打开 MySQL 8.0 Command Line Client，输入以下语句：

视频讲解

```
CREATE TABLE teacher(
    teacid char(10) PRIMARY KEY,
    teacname char(8),
    teacage int,
    department varchar(50));
```

执行结果如图 5-15 所示。

```
mysql> CREATE TABLE teacher(
    ->     teacid char(10) PRIMARY KEY,
    ->     teacname char(8),
    ->     teacage int,
    ->     department varchar(50));
Query OK, 0 rows affected (0.08 sec)
```

图 5-15　成功设置 PRIMARY KEY 约束

上述 SQL 语句执行后，输入命令"DESC teacher;"可以看到 teacid 字段的 Key 值为 PRI，PRI 即主键的标识，如图 5-16 所示。

```
mysql> DESC teacher;
+------------+-------------+------+-----+---------+-------+
| Field      | Type        | Null | Key | Default | Extra |
+------------+-------------+------+-----+---------+-------+
| teacid     | char(10)    | NO   | PRI | NULL    |       |
| teacname   | char(8)     | YES  |     | NULL    |       |
| teacage    | int         | YES  |     | NULL    |       |
| department | varchar(50) | YES  |     | NULL    |       |
+------------+-------------+------+-----+---------+-------+
4 rows in set (0.02 sec)
```

图 5-16　查看 PRIMARY KEY

输入数据进行验证：

```
INSERT INTO teacher VALUES('18302001','张阳',40,'人工智能学院');
```

执行结果如图 5-17 所示。

```
mysql> INSERT INTO teacher VALUES('18302001','张阳',40,'人工智能学院');
Query OK, 1 row affected (0.01 sec)
```

图 5-17　添加一条数据

数据正常添加后，再输入同样的一条数据到 teacher 表，执行结果如图 5-18 所示。

```
mysql> INSERT INTO teacher VALUES('18302001','张阳',40,'人工智能学院');
ERROR 1062 (23000): Duplicate entry '18302001' for key 'teacher.PRIMARY'
```

图 5-18　违反 PRIMARY KEY 约束条件

添加失败，因为表中已有"18302001"这条数据，对于 PRIMARY KEY 约束来说，它是重复添加了，违反了 PRIMARY KEY 约束。

【例 5-14】　使用 SQL 语句在 studb 数据库中创建 teac_course 表，将 teacid 和 cno 设置为组合 PRIMARY KEY 约束。

打开 MySQL 8.0 Command Line Client，输入以下语句：

```
CREATE TABLE teac_course(
    teacid char(10),
    cno char(20),
    cname char(20),
    credit int,
    PRIMARY KEY (teacid,cno));
```

执行结果如图 5-19 所示。

图 5-19　成功定义组合 PRIMARY KEY 约束

3．为已存在的表设置 PRIMARY KEY 约束

语法格式如下：

```
ALTER TABLE 表名 MODIFY 字段名 数据类型 PRIMARY KEY;
```

【例 5-15】　使用 SQL 语句创建 teacher2 表，结构同 teacher 表，再将 teacid 设置为主键。

打开 MySQL 8.0 Command Line Client，输入以下语句：

```
CREATE TABLE teacher2
(teacid char(10),
    teacname char(8),
    teacage int,
    department varchar(50)
);
```

执行结果如图 5-20 所示。

图 5-20　创建 teacher2 表

修改 teacher2 表，为 teacid 设置主键。

```
ALTER TABLE teacher2 MODIFY teacid char(10) PRIMARY KEY;
```

执行结果如图 5-21 所示。

图 5-21　为 teacid 设置主键

4. 为已存在的表设置复合 PRIMARY KEY 约束

语法格式如下:

```
ALTER TABLE 表名 ADD PRIMARY KEY(字段名1,字段名2);
```

【例 5-16】 使用 SQL 语句在 studb 数据库中创建 teac_course1 表,结构同 teac_course 表,再将 teacid 和 cno 设置为复合 PRIMARY KEY 约束。

打开 MySQL 8.0 Command Line Client,输入以下语句:

```
CREATE TABLE teac_course1(
    teacid char(10),
    cno char(20),
    cname char(20),
    credit int
);
```

执行结果如图 5-22 所示。

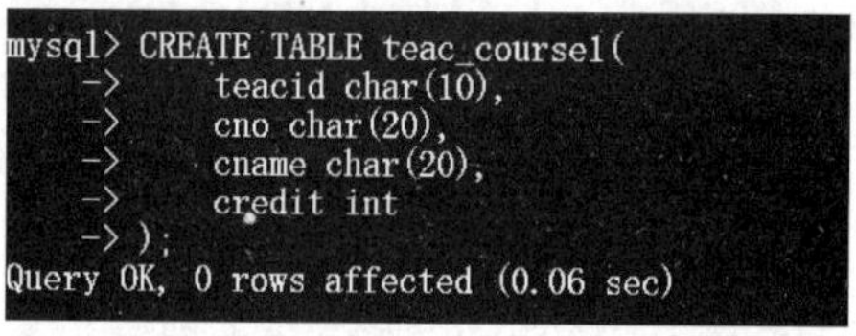

```
mysql> CREATE TABLE teac_course1(
    ->     teacid char(10),
    ->     cno char(20),
    ->     cname char(20),
    ->     credit int
    -> );
Query OK, 0 rows affected (0.06 sec)
```

图 5-22 创建 teac_course1 表

修改 teac_course1 表,为 teacid 和 cno 设置复合 PRIMARY KEY 约束。

```
ALTER TABLE teac_course1 ADD PRIMARY KEY(teacid,cno);
```

执行结果如图 5-23 所示。

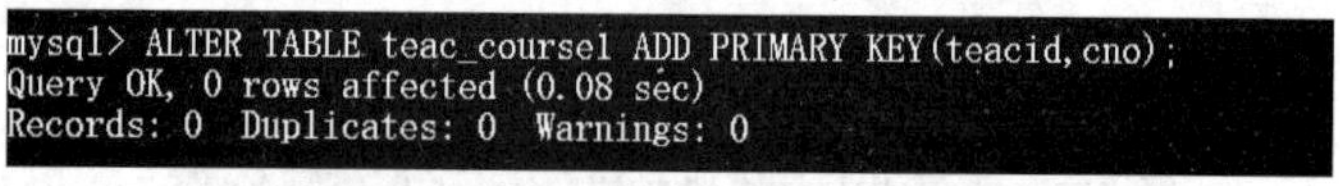

```
mysql> ALTER TABLE teac_course1 ADD PRIMARY KEY(teacid,cno);
Query OK, 0 rows affected (0.08 sec)
Records: 0  Duplicates: 0  Warnings: 0
```

图 5-23 设置复合 PRIMARY KEY 约束

5. 删除 PRIMARY KEY 约束

语法格式如下:

```
ALTER TABLE 表名 DROP PRIMARY KEY;
```

【例 5-17】 使用 SQL 语句删除 teac_course1 表的 PRIMARY KEY 约束。

打开 MySQL 8.0 Command Line Client,输入以下语句:

```
ALTER TABLE teac_course1 DROP PRIMARY KEY;
```

执行上述语句后,输入"DESC teac_course1;"语句验证,可以看到两个字段的 Key 值为 NULL,PRIMARY KEY 约束已被删除,如图 5-24 所示。

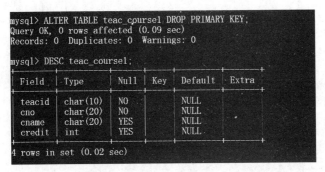

图 5-24 删除 PRYIMARY KEY 约束的执行结果

5.5.2 DEFAULT 约束

1. 使用 Navicat 图形化管理工具设置 DEFAULT 约束

【例 5-18】 使用 Navicat 图形化管理工具设置 studb 数据库中 student 表里的 age 默认值为 18。

操作步骤如下。

(1) 启动 Navicat 图形化管理工具,连接 mytest 服务器,双击 studb 数据库,使其处于打开状态,在 studb 数据库下单击"表"节点,选中 student 表,在对象窗口中单击"设计表"。

(2) 选中 age,在下方窗口中的"默认"文本框中输入"18",如图 5-25 所示。

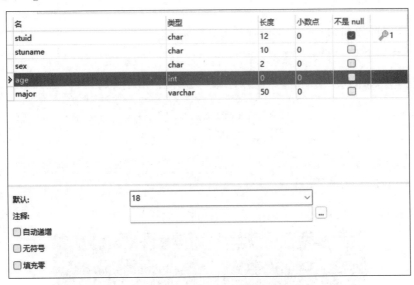

图 5-25 设置 DEFAULT 约束

(3) 单击工具栏中的"保存"按钮,完成 DEFAULT 约束的设置。

重要提示:设置默认值为中文时需要给该中文默认值加一对英文的双引号。

2. 使用 SQL 语句在创建表时设置 DEFAULT 约束

语法格式如下:

```
CREATE TABLE 表名(字段名 数据类型 数据长度 DEFAULT 默认值);
```

【例 5-19】 使用 SQL 语句在 studb 中创建 course1 表,结构与 teac_course1 表相同,并设置 credit 默认值为 4。

打开 MySQL 8.0 Command Line Client,输入以下语句:

```
CREATE TABLE course1(
    teacid char(10),
    cno char(20),
    cname char(20),
    credit int DEFAULT 4
);
```

视频讲解

执行结果如图 5-26 所示。

输入命令"DESC course1;"进行验证,credit 的默认值(见 Default 列)已变为 4,如图 5-27 所示。

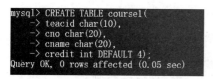

图 5-26　设置 DEFAULT 约束

图 5-27　查看 DEFAULT 约束

3. 使用 SQL 语句为已存在的表设置 DEFAULT 约束

语法格式如下:

```
ALTER TABLE 表名 MODIFY 字段名 数据类型 DEFAULT 默认值;
```

【例 5-20】 使用 SQL 语句修改 studb 数据库中的 teacher 表,设置 teacage 默认值为 40。

打开 MySQL 8.0 Command Line Client,输入以下语句:

```
ALTER TABLE teacher
    MODIFY teacage int DEFAULT 40;
```

执行后输入命令"DESC teacher;"查看表结构,如图 5-28 所示。

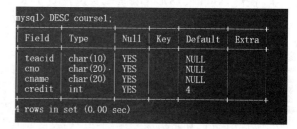

图 5-28　设置并查看 DEFAULT 约束

4. 删除 DEFAULT 约束

语法格式如下：

```
ALTER TABLE 表名 MODIFY 字段名 数据类型;
```

【例 5-21】 使用 SQL 语句删除 teacher 表中 teacage 字段设置的默认值。

打开 MySQL 8.0 Command Line Client，输入以下语句：

```
ALTER TABLE teacher
  MODIFY teacage int;
```

执行后并查看表结构，如图 5-29 所示。可以看到 teacage 字段的默认值已经没有了，表示删除成功。

```
mysql> DESC teacher;
+------------+-------------+------+-----+---------+-------+
| Field      | Type        | Null | Key | Default | Extra |
+------------+-------------+------+-----+---------+-------+
| teacid     | char(10)    | NO   | PRI | NULL    |       |
| teacname   | char(8)     | YES  |     | NULL    |       |
| teacage    | int         | YES  |     | NULL    |       |
| department | varchar(50) | YES  |     | NULL    |       |
+------------+-------------+------+-----+---------+-------+
4 rows in set (0.00 sec)
```

图 5-29　删除 DEFAULT 约束

5.5.3 CHECK 约束

1. 创建表时设置 CHECK 约束

语法格式如下：

```
CREATE TABLE 表名(字段名 数据类型 数据长度 CHECK(表达式));
```

语法说明如下。

表达式：指定需要检查的条件，在更新表数据时，MySQL 会检查更新后的数据行是否满足 CHECK 约束的条件。

【例 5-22】 使用 SQL 语句在 studb 数据库中，创建 student1 表，结构与 studb 数据库中的 student 表结构相同，sex 字段的取值范围是"男"或"女"。

打开 MySQL 8.0 Command Line Client，输入以下语句：

```
CREATE TABLE student1(stuid char(12),
      stuname char(10),
      sex char(2) CHECK(sex IN('男','女')),
      age int,
      major varchar(50));
```

执行结果如图 5-30 所示。

```
mysql> CREATE TABLE student1(stuid char(12),
    -> stuname char(10),
    -> sex char(2) CHECK(sex IN('男','女')),
    -> age int,
    -> major varchar(50));
Query OK, 0 rows affected (0.07 sec)
```

图 5-30　设置 CHECK 约束

2. 为已存在的表设置 CHECK 约束

语法格式如下:

```
ALTER TABLE 表名 ADD CHECK(表达式);
```

【例 5-23】 使用 SQL 语句设置 studb 数据库中 course 表的 credit 的值为 1~5。

打开 MySQL 8.0 Command Line Client,输入以下语句:

```
ALTER TABLE course
    ADD CHECK(credit BETWEEN 1 AND 5);
```

执行结果如图 5-31 所示。

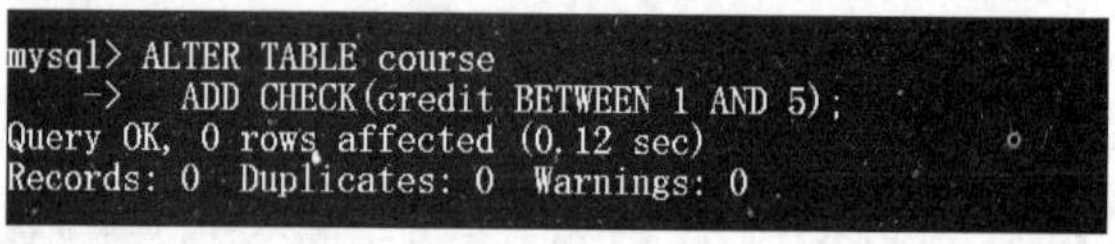

图 5-31 为已存在的表设置 CHECK 约束

说明:在目前的 MySQL 版本中,CHECK 约束还没有被强化,虽然可以被 MySQL 分析,但在更新数据时,CHECK 约束并不起作用。

3. 删除 CHECK 约束

语法格式如下:

```
ALTER TABLE 表名 DROP CHECK 检查约束名
```

【例 5-24】 使用 SQL 语句删除 course 表中 credit 字段的 CHECK 约束。

打开 MySQL 8.0 Command Line Client,先查看系统自动生成的约束名,输入以下语句:

```
SHOW CREATE TABLE course;
```

执行结果如图 5-32 所示,这里的 CHECK 约束名是 course_chk_1。

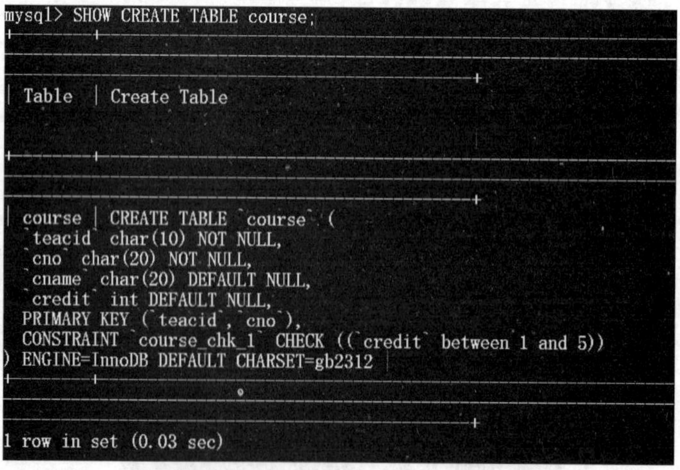

图 5-32 查看 CHECK 约束名

输入以下语句删除 CHECK 约束：

```
ALTER TABLE course DROP CHECK course_chk_1;
```

输入以下语句查看 CHECK 约束：

```
SHOW CREATE TABLE course;
```

执行结果如图 5-33 所示。CHECK 约束已被删除。

```
mysql> ALTER TABLE course DROP CHECK course_chk_1;
Query OK, 0 rows affected (0.08 sec)
Records: 0  Duplicates: 0  Warnings: 0

mysql> SHOW CREATE TABLE course;
+--------+
| Table  | Create Table
+--------+
| course | CREATE TABLE `course` (
  `teacid` char(10) NOT NULL,
  `cno` char(20) NOT NULL,
  `cname` char(20) DEFAULT NULL,
  `credit` int DEFAULT NULL,
  PRIMARY KEY (`teacid`,`cno`)
) ENGINE=InnoDB DEFAULT CHARSET=gb2312 |
+--------+
1 row in set (0.00 sec)
```

图 5-33　删除并查看 CHECK 约束

5.5.4　UNIQUE 约束

1. 创建表时设置 UNIQUE 约束

语法格式如下：

```
CREATE TABLE 表名(字段名 数据类型 数据长度 UNIQUE);
```

【例 5-25】　使用 SQL 语句在 studb 数据库中创建 student2 表，结构与 studb 数据库中的 student 表结构相同，将 stuname 字段设置为唯一键。

打开 MySQL 8.0 Command Line Client，输入以下语句：

```
CREATE TABLE student2(stuid char(12),
      stuname char(10) UNIQUE,
      sex char(2),
      age int,
      major varchar(50));
```

执行结果如图 5-34 所示。

输入数据验证 UNIQUE 约束。

```
INSERT INTO student2 VALUES('2210010','黄顺','男',19,'软件技术');
```

以上数据录入后，再添加一条数据到 student2 表。

```
mysql> CREATE TABLE student2(stuid char(12),
    ->        stuname char(10) UNIQUE,
    ->        sex char(2),
    ->        age int,
    ->        major varchar(50));
Query OK, 0 rows affected (0.07 sec)
```

图 5-34　创建表时设置 UNIQUE 约束

```
INSERT INTO student2 VALUES('2210011','黄顺','女',18,'软件技术');
```

执行结果如图 5-35 所示。

```
mysql> INSERT INTO student2 VALUES('2210010','黄顺','男',19,'软件技术');
Query OK, 1 row affected (0.04 sec)

mysql> INSERT INTO student2 VALUES('2210011','黄顺','女',18,'软件技术');
ERROR 1062 (23000): Duplicate entry '黄顺' for key 'student2.stuname'
```

图 5-35　验证 UNIQUE 约束

第二条数据录入失败,因为 stuname 字段的值与上一条数据重复了,违反了 stuname 的 UNIQUE 约束。

2. 为已存在的表设置 UNIQUE 约束

语法格式如下:

```
ALTER TABLE 表名 MODIFY 字段名 字段类型 UNIQUE;
```

【例 5-26】　使用 SQL 语句为 student1 表的 stuname 字段设置 UNIQUE 约束。

打开 MySQL 8.0 Command Line Client,输入以下语句:

```
ALTER TABLE student1 MODIFY stuname char(10) UNIQUE;
```

执行结果如图 5-36 所示。

```
mysql> ALTER TABLE student1 MODIFY stuname char(10) UNIQUE;
Query OK, 0 rows affected (0.12 sec)
Records: 0  Duplicates: 0  Warnings: 0
```

图 5-36　为已存在的表设置 UNIQUE 约束

3. 删除 UNIQUE 约束

语法格式如下:

```
ALTER TABLE 表名 DROP INDEX 约束名;
```

【例 5-27】　使用 SQL 语句删除 student1 表中 stuname 字段的 UNIQUE 约束。

打开 MySQL 8.0 Command Line Client,先查看系统自动生成的约束名,输入以下语句:

```
SHOW CREATE TABLE student1;
```

执行结果如图 5-37 所示,这里检查约束名是 stuname。

图 5-37 查看 UNIQUE 约束名

输入以下语句删除检查约束：

```
ALTER TABLE student1 DROP INDEX stuname;
```

执行上述语句后，输入命令"DESC student1;"进行验证，可以看到 stuname 字段的 Key 值为 NULL，说明 UNIQUE 约束已被删除，如图 5-38 所示。

图 5-38 删除 UNIQUE 约束并查看

5.5.5 NOT NULL 约束

1. 创建表时设置 NOT NULL 约束

语法格式如下：

```
CREATE TABLE 表名(字段名 数据类型 数据长度 NOT NULL);
```

【例 5-28】 使用 SQL 语句创建 student3 表，结构同 student 表，将字段 stuname 设置成 NOT NULL 约束。

打开 MySQL 8.0 Command Line Client，输入以下语句：

```
CREATE TABLE student3(stuid char(12),
    stuname char(10) NOT NULL,
```

视频讲解

```
    sex char(2),
    age int,
    major varchar(50));
```

执行结果如图 5-39 所示。

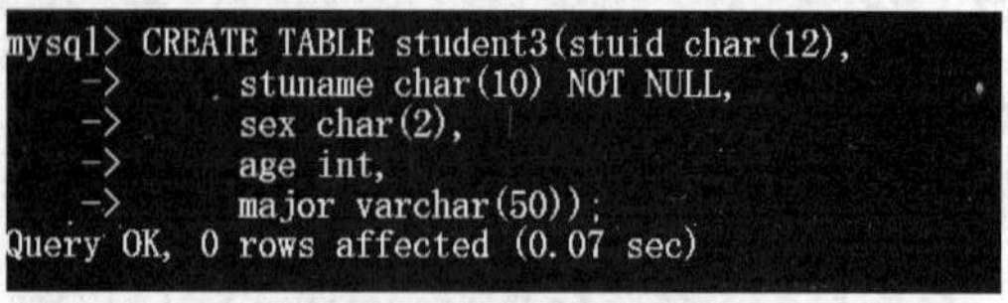

```
mysql> CREATE TABLE student3(stuid char(12),
    ->     stuname char(10) NOT NULL,
    ->     sex char(2),
    ->     age int,
    ->     major varchar(50));
Query OK, 0 rows affected (0.07 sec)
```

图 5-39　创建表的同时设置 NOT NULL 约束

输入命令"DESC student3;"进行验证,验证结果如图 5-40 所示。

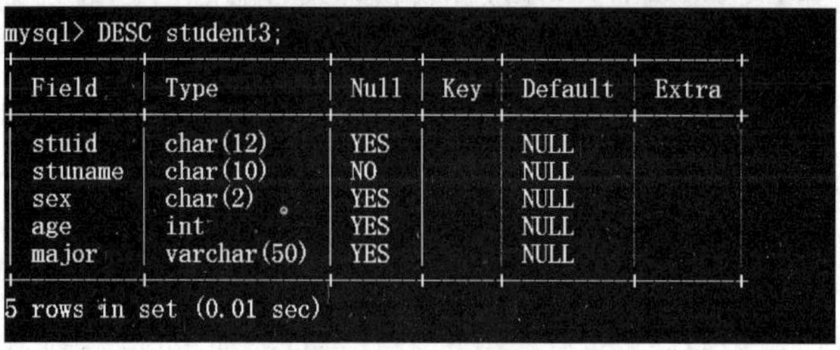

```
mysql> DESC student3;
+---------+-------------+------+-----+---------+-------+
| Field   | Type        | Null | Key | Default | Extra |
+---------+-------------+------+-----+---------+-------+
| stuid   | char(12)    | YES  |     | NULL    |       |
| stuname | char(10)    | NO   |     | NULL    |       |
| sex     | char(2)     | YES  |     | NULL    |       |
| age     | int         | YES  |     | NULL    |       |
| major   | varchar(50) | YES  |     | NULL    |       |
+---------+-------------+------+-----+---------+-------+
5 rows in set (0.01 sec)
```

图 5-40　验证结果

可以看到,stuname 字段的 Null 值为 NO,说明该字段已被设置为 NOT NULL 约束。

2. 为已存在的表设置 NOT NULL 约束

语法格式如下:

```
ALTER TABLE 表名 MODIFY 字段名 数据类型 数据长度 NOT NULL;
```

【例 5-29】　使用 SQL 语句为 student2 表的 stuname 字段设置 NOT NULL 约束。

打开 MySQL 8.0 Command Line Client,输入以下语句:

```
ALTER TABLE student2 MODIFY stuname char(10) NOT NULL;
```

执行上述语句后,输入命令"DESC student2;"进行验证,此时 stuname 字段的 Null 值为 NO,如图 5-41 所示。

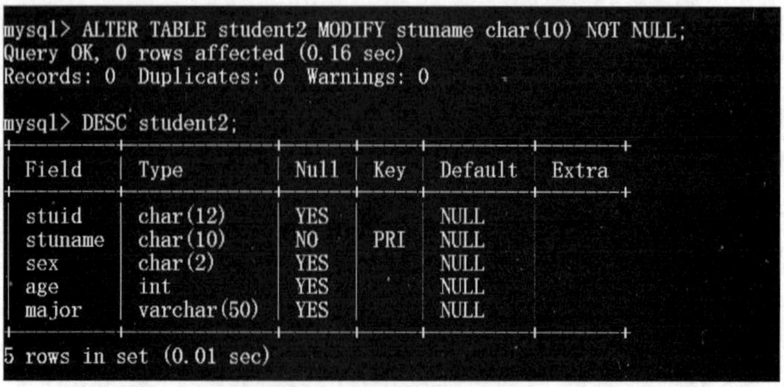

```
mysql> ALTER TABLE student2 MODIFY stuname char(10) NOT NULL;
Query OK, 0 rows affected (0.16 sec)
Records: 0  Duplicates: 0  Warnings: 0

mysql> DESC student2;
+---------+-------------+------+-----+---------+-------+
| Field   | Type        | Null | Key | Default | Extra |
+---------+-------------+------+-----+---------+-------+
| stuid   | char(12)    | YES  |     | NULL    |       |
| stuname | char(10)    | NO   | PRI | NULL    |       |
| sex     | char(2)     | YES  |     | NULL    |       |
| age     | int         | YES  |     | NULL    |       |
| major   | varchar(50) | YES  |     | NULL    |       |
+---------+-------------+------+-----+---------+-------+
5 rows in set (0.01 sec)
```

图 5-41　为已存在的表设置 NOT NULL 约束并查看

3. 删除 NOT NULL 约束

语法格式如下：

```
ALTER TABLE 表名 MODIFY 字段名 数据类型;
```

【例 5-30】 使用 SQL 语句删除 student2 表的 stuname 字段的 NOT NULL 约束。

打开 MySQL 8.0 Command Line Client，输入以下语句：

```
ALTER TABLE student2 MODIFY stuname char(10);
```

执行上述语句后，输入命令"DESC student2;"进行验证，stuname 字段的 Null 值为 YES，说明 NOT NULL 约束已被删除，如图 5-42 所示。

图 5-42 删除 NOT NULL 约束并验证

5.5.6 FOREIGN KEY 约束

1. 使用 Navicat 图形化管理工具设置 FOREIGN KEY 约束

【例 5-31】 使用 Navicat 图形化管理工具在 studb 数据库中，设置 course 表的 cno 为外键，参考 teac_course1 表的 cno。

操作步骤如下。

(1) 启动 Navicat 图形化管理工具，连接 mytest 服务器，双击 studb 数据库，使其处于打开状态，在 studb 数据库下单击"表"节点，选中 course 表，在对象窗口中单击"设计表"。

(2) 在"外键"标签中输入如图 5-43 所示的数据。

图 5-43 输入数据

(3) 单击"保存"按钮，完成设置。

2. 创建表时设置 FOREIGN KEY 约束

语法格式如下：

```
CREATE TABLE 子表名
(字段名 字段类型 字段长度
```

```
FOREIGN KEY 字段名 [,字段名 2, … ] REFERENCES <父表名> 主键列 1 [,主键列 2, …
);
```

【例 5-32】 使用 SQL 语句在 studb 数据库中创建 teac_course_new 表,设置 teacid 为外键,参考 teacher 表的 teacid 字段。

打开 MySQL 8.0 Command Line Client,输入以下语句:

```
CREATE TABLE teac_course_new(
    teacid char(10),
    teacname char(8) NOT NULL,
    cno char(20) NOT NULL,
    semester int,
    FOREIGN KEY(teacid) REFERENCES teacher(teacid));
```

执行结果如图 5-44 所示。

```
mysql> CREATE TABLE teac_course_new(
    -> teacid char(10),
    -> teacname char(8) NOT NULL,
    -> cno char(20) NOT NULL,
    -> semester int,
    -> FOREIGN KEY(teacid) REFERENCES teacher(teacid));
Query OK, 0 rows affected (0.07 sec)
```

图 5-44 设置 FOREIGN KEY 约束

验证 FOREIGN KEY 约束,先查询 teacher 表中的数据,结果如图 5-45 所示。

```
mysql> SELECT * FROM teacher;
+----------+----------+---------+--------------+
| teacid   | teacname | teacage | department   |
+----------+----------+---------+--------------+
| 18302001 | 张阳     |      40 | 人工智能学院 |
+----------+----------+---------+--------------+
1 row in set (0.00 sec)
```

图 5-45 teacher 表中的数据

在 teac_course_new 表中添加一条记录,如下:

```
INSERT INTO teac_course_new VALUES('20302002','沈铭','202',3);
```

执行结果如图 5-46 所示。

```
mysql> INSERT INTO teac_course_new VALUES('20302002','沈铭','202',3);
ERROR 1452 (23000): Cannot add or update a child row: a foreign key constraint fails (`studb`.`teac_course_new`, CONSTRAINT `teac_course_new_ibfk_1` FOREIGN KEY (`teacid`) REFERENCES `teacher` (`teacid`))
```

图 5-46 验证 FOREIGN KEY 约束

数据录入失败,因为违反了外键参照完整性约束,teacid 字段的取值"20302002"在 teacher 表中的 teacid 字段中不存在。

3. 为已存在的表设置 FOREIGN KEY 约束

语法格式如下:

```
ALTER TABLE 子表名 ADD FOREIGN KEY(字段名) REFERENCES 父表(字段名);
```

【例 5-33】 使用 SQL 语句在 studb 数据库中将之前创建的 teacher1 表和 teac_course1

表的 teacid 字段设置 FOREIGN KEY 约束。

打开 MySQL 8.0 Command Line Client，输入以下语句：

```
ALTER TABLE teac_course1 ADD FOREIGN KEY(teacid) REFERENCES teacher1(teacid);
```

执行结果如图 5-47 所示。

```
mysql> ALTER TABLE teac_course1 ADD FOREIGN KEY(teacid) REFERENCES teacher1(teacid);
Query OK, 0 rows affected (0.23 sec)
Records: 0  Duplicates: 0  Warnings: 0
```

图 5-47　为已存在的表设置 FOREIGN KEY 约束

重要提示：设置外键时，被引用表（主键表）必须设置了主键或唯一键，并且数据类型和长度必须与外键一致。

4. 删除 FOREIGN KEY 约束

语法格式如下：

```
ALTER TABLE 子表名 DROP FOREIGN KEY 约束名；
```

【例 5-34】　使用 SQL 语句删除 teac_course_new 表 teacid 字段的 FOREIGN KEY 约束。

打开 MySQL 8.0 Command Line Client，输入以下语句：

```
SHOW CREATE TABLE teac_course_new;
```

查看 FOREIGN KEY 约束名为 teac_course_new_ibfk_1，执行结果如图 5-48 所示。

```
mysql> SHOW CREATE TABLE teac_course_new;
+-----------------+-------------------------------------------------------+
| Table           | Create Table                                          |
+-----------------+-------------------------------------------------------+
| teac_course_new | CREATE TABLE `teac_course_new` (
  `teacid` char(10) DEFAULT NULL,
  `teacname` char(8) NOT NULL,
  `cno` char(20) NOT NULL,
  `semester` int DEFAULT NULL,
  KEY `teacid` (`teacid`),
  CONSTRAINT `teac_course_new_ibfk_1` FOREIGN KEY (`teacid`) REFERENCES `teacher` (`teacid`)
) ENGINE=InnoDB DEFAULT CHARSET=gb2312 |
+-----------------+-------------------------------------------------------+
1 row in set (0.00 sec)
```

图 5-48　查看 FOREIGN KEY 约束名

输入以下语句，删除 FOREIGN KEY 约束并查看：

```
ALTER TABLE teac_course_new DROP FOREIGN KEY teac_course_new_ibfk_1;
SHOW CREATE TABLE teac_course_new;
```

执行结果如图 5-49 所示。此时 FOREIGN KEY 约束已被删除，两个表之间没有了关联关系。

```
mysql> ALTER TABLE teac_course_new DROP FOREIGN KEY teac_course_new_ibfk_1;
Query OK, 0 rows affected (0.03 sec)
Records: 0  Duplicates: 0  Warnings: 0

mysql> SHOW CREATE TABLE teac_course_new;
+-----------------+-------------------------------------------------------+
| Table           | Create Table                                          |
+-----------------+-------------------------------------------------------+
| teac_course_new | CREATE TABLE `teac_course_new` (
  `teacid` char(10) DEFAULT NULL,
  `teacname` char(8) NOT NULL,
  `cno` char(20) NOT NULL,
  `semester` int DEFAULT NULL,
  KEY `teacid` (`teacid`)
) ENGINE=InnoDB DEFAULT CHARSET=gb2312                  |
+-----------------+-------------------------------------------------------+
1 row in set (0.00 sec)
```

图 5-49　删除 FOREIGN KEY 约束并查看

任务实训营

1. 任务实训目的

（1）掌握使用 Navicat 图形化管理工具向数据表中插入、删除和修改数据的方法。

（2）掌握使用 SQL 语句向数据表中插入、删除和修改数据的方法。

（3）掌握使用 Navicat 图形化管理工具和 SQL 语句两种方法来实现约束的方法。

2. 任务实训内容

（1）使用 Navicat 图形化管理工具向 studb 学生管理数据库中的 Department 表插入数据，数据见表 5-2。

表 5-2　向 Department 表中插入的数据

DepartID	DepartName	Chariman	Office
001	信息技术系	江波	301
002	艺术设计系	马康	302
003	外语系	李丽	303
004	体育系	赵伟	304

（2）使用 Navicat 图形化管理工具删除 Department 表 DepartID 为 001 的数据。

（3）使用 SQL 语句向 Stu 表插入数据，数据见表 5-3。

表 5-3　向 Stu 表中插入的数据

StudentID	StudentName	Sex	Age	DepartID
22001	李明	男	20	001
22002	王芳	女	19	002
22003	赵峰	男	19	003
22004	章雪	女	20	004

（4）使用 SQL 语句将 Stu 表中 StudentID 为 22002 学生的 Age 改为 20。

（5）使用 SQL 语句删除 Stu 表中 StudentID 为 22001 的数据。

（6）使用 SQL 语句为 Course 表、Grade 表添加数据，数据自定义。

（7）为以上表添加如下约束，使用 Navicat 图形化管理工具和 SQL 语句两种方法实现。

① NOT NULL 约束：StudentName。

② PRIMARY KEY 约束：StudentID、DepartID。

③ DEFAULT 约束：Age 字段默认为 19。

④ CHECK 约束：Sex 为"男"或"女"。

（8）插入、修改和删除数据，体会数据完整性。

项目小结

本项目介绍数据表的定义、数据类型以及使用 Navicat 图形化管理工具和 SQL 语句向表中插入、删除和修改数据，介绍数据完整性的概念和类型，以及如何实现约束等。

项目 6

学生管理数据库的查询

(1) 在数据库海量的数据里,如何迅速查找出所需的数据?
(2) 在 MySQL 8.0 中,使用相关的查询语句才能完成数据的查询,什么是查询语句?如何使用?

学习目标

(1) 掌握:SELECT 语句的语法格式、各种查询技术。
(2) 理解:数据查询的意义。

 知识准备

6.1 SELECT 语句概述

数据库给我们带来了方便,查询是数据库中最基本的数据操作,在 MySQL 8.0 中,通过使用 SELECT 语句来完成数据查询。

SELECT 语句的语法格式如下:

```
SELECT [ ALL|DISTINCT ] 字段名1,字段名2,…,字段名 n
FROM 表名
[ WHERE 条件表达式 ]
[ GROUP BY 分组字段 ]
[ HAVING 条件表达式 ]
[ ORDER BY 排序字段 [ ASC | DESC ] ]
[LIMIT [位置偏移量], 记录数];
```

语法说明如下。

(1) SELECT 子句:指定要查询的字段(列)。

(2) ALL|DISTINCT:标识在查询结果集中对相同行的处理方式。DISTINCT 关键字可以从 SELECT 语句的结果集中消除重复的行,ALL 关键字表示返回查询结果集中的所有行,包括重复行。默认值是 ALL。

(3) 字段名1,字段名2,…,字段名 n:指定字段列表,即指定要显示的目标列。

（4）FROM 子句：指定要查询的表名。

（5）WHERE 子句：指定查询条件。

（6）GROUP BY 子句：指定查询结果的分组条件。

（7）HAVING 子句：与 GROUP BY 子句组合使用，对分组的结果集进一步限定查询条件。

（8）ORDER BY 子句：指定结果集的排序方式。

（9）ASC|DESC：表示结果集的排序方式，ASC 表示升序排列；DESC 表示降序排列。默认值是 ASC。

（10）LIMIT 字句：用于限制查询结果集的行数。当位置偏移量是 0 时，表示从查询结果的第 1 条记录开始显示；当位置偏移量是 1 时，表示查询结果从第 2 条记录开始显示，以此类推；位置偏移量默认值为 0。记录数则表示结果集中包含的记录条数。

在 SELECT 语句中，SELECT 子句与 FROM 子句是必不可少的，其余子句是可选的。各个子句必须按照语法中列出的次序依次执行，否则，会出现语法错误。

6.1.1 选择列

1．查询指定的列

用 SELECT 子句选择表中的列时，只需要将希望显示的字段名置于 SELECT 子句后即可，字段名称之间用逗号隔开。

2．查询所有的列

查询表中所有的列有两种方法：一种方法是将表中的字段名称全部列在 SELECT 子句后；另一种方法是使用"*"代替所有的字段名称。

3．设置列别名

在设计表时，表的列名一般采用字符的形式，在显示查询结果时，为了便于理解，用户可以根据需要对查询结果中的列名进行修改，即设置列别名。

4．使用 DISTINCT 关键字消除重复行

在 SELECT 语句中，如果需要消除重复行，可以使用 DISTINCT 关键字，此时，对结果集中的重复行只显示一次，保证行的唯一性。

5．限制返回结果的数量

在查询数据时，可以使用 LIMIT 子句返回从任何位置开始的指定行数的数据。

6．计算列值

在使用 SELECT 查询数据时，可以在结果中显示对列值计算后的值，即通过对某些列的数据进行计算得到的结果。

6.1.2 WHERE 子句

在实际查询过程中，用户有时需要在数据表中查询满足某些条件的记录，此时，在 SELECT 语句中使用 WHERE 子句可以给定查询条件。数据库系统处理语句时，将不满足条件的记录筛选掉，返回满足条件的记录。

1. 使用比较运算符

WHERE 子句的比较运算符主要有＝(等于)、<(小于)、>(大于)、>＝(大于或等于)、<＝(小于或等于)、<>(不等于)、!＝(不等于)、!<(不小于)、!>(不大于)。

2. 使用逻辑运算符

WHERE 子句中的逻辑运算符有 NOT、AND、OR。当使用 WHERE 子句处理多个查询条件时,就要用到逻辑运算符。

使用逻辑运算符时需要遵守的规则如下。

NOT:表示否定一个表达式。只应用于简单条件,不能将 NOT 应用于包含 AND 或者 OR 条件的复合条件中。

AND:用于合并简单条件和包括 NOT 条件,这些条件不允许包含 OR 条件。当使用多个 AND 条件时,不需要括号,可以按任意顺序合并在一起。

OR:可以使用 AND 和 NOT 合并所有的复合条件。当使用多个 OR 条件时,不需要括号,可以按任意顺序合并在一起。

从优先级来看,从高到低的顺序是 NOT、AND、OR。

3. 使用范围运算符

在使用范围运算符时,可以指定某个查询范围内的数据。用 BETWEEN 关键字设置范围之内的数据,用 NOT BETWEEN 关键字设置范围之外的数据。

4. 使用列表运算符

在使用列表运算符时,通过使用 IN 或 NOT IN 关键字确定表达式的取值是否属于某一列表值。

5. 使用 LIKE

使用 LIKE 或 NOT LIKE 可以把表达式与字符串进行比较,实现对字符串的模糊查询。

6. 使用 IS NULL

使用 IS NULL 或 IS NOT NULL 可以查询某一数据值是否为 NULL 的数据信息。IS NULL 可以查询数据值为 NULL 的信息,IS NOT NULL 可以查询数据值不为 NULL 的信息。

6.1.3 聚合函数

聚合函数能够实现对数据表指定列的值进行统计计算,并返回单个数值。

常用的聚合函数如表 6-1 所示。

表 6-1 常用的聚合函数

函 数 名	功 能
COUNT()	求组中行数,返回整数
SUM()	求和,返回表达式中所有值的和
AVG()	求平均值,返回表达式中所有值的平均值
MAX()	求最大值,返回表达式中所有值的最大值
MIN()	求最小值,返回表达式中所有值的最小值

其中,COUNT()函数可用于任何数据类型(因为其作用只是计数),而 SUM()和 AVG()函数只能对数值型数据做计算,MAX()和 MIN()函数可用于数值、字符串或日期时间数据类型。

6.1.4　GROUP BY 子句

在使用 SELECT 语句查询数据时,可以用 GROUP BY 子句对某列数据值进行分组。GROUP BY 子句通常与聚合函数一起使用。

6.1.5　HAVING 子句

HAVING 子句指定了组或聚合的查询条件,限定于对统计组的查询,通常与 GROUP BY 子句一起使用。

6.1.6　ORDER BY 子句

在进行数据查询时,可以使用 ORDER BY 子句对查询的结果按照一个或多个列进行排序。

6.2　多表连接查询

在实际应用中,要查询的数据可能不在一个表或视图中,可能来源于多个表,此时就需要进行多表连接查询。

多表连接查询是指通过多个表之间的共同列的相关性来查询数据,是数据库查询最主要的特征。

6.2.1　内连接

内连接是比较常用的数据连接查询方式。内连接使用比较运算符进行多个基表间数据的比较操作,并列出这些基表中与连接条件相匹配的所有的数据行。内连接分为等值连接、非等值连接和自然连接,一般用 INNER JOIN 或 JOIN 关键字指定内连接。

6.2.2　外连接

若一些数据行在其他表中不存在匹配行,使用内连接查询时通常会删除原表中的这些行,而使用外连接时会返回 FROM 子句中提到的至少一个表或视图中的所有符合搜索条件的行。

参与外连接查询的表有主从之分,以主表中的每行数据去匹配从表中的数据行,如果符合连接条件,则直接返回到查询结果中;如果不匹配,则主表的行保留,从表的对应位置填入 NULL 值。

外连接分为左外连接、右外连接。

6.2.3 交叉连接

交叉连接也称之为笛卡儿乘积,当对两个表使用交叉连接查询时,将生成来自这两个表各行的所有可能组合。

在交叉连接中,生成的结果分为两种情况:不使用 WHERE 子句的交叉连接和使用 WHERE 子句的交叉连接。

6.2.4 自连接

连接操作不仅可以在不同的表中进行,也可以在一个表内进行连接查询,即将同一个表的不同行连接起来,叫作自连接。在进行自连接操作时,需要为表定义两个别名,且对所有列的引用都要使用别名限定。自连接操作与两个表的连接操作类似。

6.2.5 组合查询

组合查询是指将两个或更多的查询结果连接在一起组成一组数据的查询方式,该结果包含组合查询中所有查询结果中的全部行的数据。

6.3 子查询

子查询和连接子查询都可以实现对多个表中的数据进行查询访问。根据子查询返回的行数不同可以将其分为:带有 IN 运算符的子查询、带有比较运算符的子查询、带有 EXISTS 运算符的子查询、单值子查询和嵌套子查询。

6.3.1 带有 IN 运算符的子查询

IN 运算符可以判断一个表中指定列的值是否包含在已定义的列表中,或在另一个表中。通过 IN 将原表中目标列的值和子查询的返回结果进行比较,若列值与子查询的结果一致或存在与之匹配的数据行,则查询结果中就包含该数据行。

6.3.2 带有比较运算符的子查询

带有比较运算符的子查询与带有 IN 运算符的子查询一样,返回一个值列表。

6.3.3 带有 EXISTS 运算符的子查询

EXISTS 运算符用于在 WHERE 子句中测试子查询返回的数据行是否存在,其不需要返回多行数据,只产生一个真值或假值,也就是说,如果子查询的值存在则返回真值;如果不存在则返回假值。

任务实施

在完成本项目任务前,请将样本数据库 studb 附加至 MySQL 8.0 中。

6.4 简单查询学生管理数据库

6.4.1 使用选择列查询学生管理数据库

1. 查询指定的列

【例 6-1】 从 studb 数据库中的 student 表中查询学生的 sno、sname 和 sex。

打开 MySQL 8.0 Command Line Client，输入以下语句：

```
SELECT sno,sname,sex
FROM student;
```

执行结果如图 6-1 所示。

mysql> SELECT sno, sname, sex
-> FROM student;

sno	sname	sex
22001	张丰	男
22002	王小平	男
22003	程东	男
22004	李明想	女
22005	林如	女
22006	赵小平	男
22007	严峰	男
22008	孙岩	女
22009	罗丹	女
22110	马强	男

10 rows in set (0.01 sec)

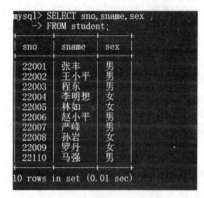

图 6-1　查询 student 表中的部分列

2. 查询所有的列

【例 6-2】 查询 studb 数据库中 student 表中的所有信息。

打开 MySQL 8.0 Command Line Client，输入以下语句：

```
SELECT *
FROM student;
```

执行结果如图 6-2 所示。

mysql> SELECT *
-> FROM student;

sno	sname	sex	native	birthday	spname	tel
22001	张丰	男	南京	2002-02-01	软件技术	75762348
22002	王小平	男	徐州	2003-03-12	软件技术	77700146
22003	程东	男	苏州	2003-12-13	软件技术	87786540
22004	李明想	女	苏州	2004-01-23	软件技术	65650990
22005	林如	女	无锡	2003-10-20	软件技术	33349890
22006	赵小平	男	南京	2002-03-09	计算机应用	87665054
22007	严峰	男	徐州	2004-03-04	计算机应用	57768790
22008	孙岩	女	扬州	2002-10-09	计算机应用	78986759
22009	罗丹	女	宿迁	2003-04-05	计算机应用	66456090
22110	马强	男	南通	2002-12-05	人工智能	55239800

10 rows in set (0.01 sec)

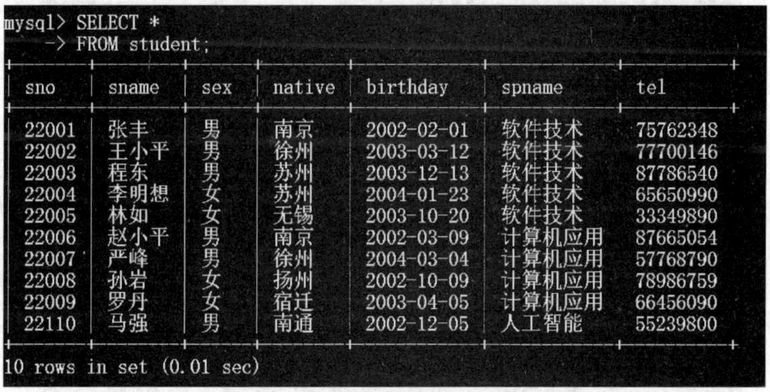

图 6-2　查询 student 表中的所有列

由执行结果可知，使用通配符“ * ”将返回所有列，同时数据列按照创建表时的顺序显示。

3. 设置列别名

设置列别名有两种方法。

(1) 将列别名用一对单引号括起来后，写在要查询的列名后面，两者之间用空格隔开，格式如下：

```
查询的列名 '列别名';
```

(2) 将列别名用一对单引号括起来后，写在要查询的列名后面，两者之间用关键字 AS 连接，格式如下：

```
查询的列名 AS '列别名';
```

【例 6-3】 查询 studb 数据库中 course 表中的课程编号、课程名称和学分，设置列别名，用汉字显示。

下面用两种方法设置列别名。

打开 MySQL 8.0 Command Line Client，输入以下语句：

```
SELECT cno '课程编号',cname '课程名称',credit '学分'
FROM course;

SELECT cno AS '课程编号',cname AS '课程名称',credit AS '学分'
FROM course;
```

执行结果如图 6-3 所示。

```
mysql> SELECT cno '课程编号',cname '课程名称',credit '学分'
    -> FROM course;
+----------+--------------+------+
| 课程编号 | 课程名称     | 学分 |
+----------+--------------+------+
| 101      | 计算机应用基础 |    3 |
| 102      | 程序设计基础   |    3 |
| 103      | 高等数学      |    3 |
| 201      | 数据结构      |    4 |
| 202      | 操作系统      |    4 |
| 203      | 数据库应用    |    4 |
| 301      | 路由交换技术  |    3 |
| 302      | 软件工程      |    4 |
| 303      | 网络信息安全  |    3 |
+----------+--------------+------+
9 rows in set (0.00 sec)

mysql> SELECT cno AS '课程编号',cname AS '课程名称',credit AS '学分'
    -> FROM course;
+----------+--------------+------+
| 课程编号 | 课程名称     | 学分 |
+----------+--------------+------+
| 101      | 计算机应用基础 |    3 |
| 102      | 程序设计基础   |    3 |
| 103      | 高等数学      |    3 |
| 201      | 数据结构      |    4 |
| 202      | 操作系统      |    4 |
| 203      | 数据库应用    |    4 |
| 301      | 路由交换技术  |    3 |
| 302      | 软件工程      |    4 |
| 303      | 网络信息安全  |    3 |
+----------+--------------+------+
9 rows in set (0.00 sec)
```

图 6-3 给 course 表中的列设置别名

4. 使用 DISTINCT 关键字消除重复行

【例 6-4】 从 studb 数据库中的 student 表中查询学生的 native(籍贯),消除重复行。

打开 MySQL 8.0 Command Line Client,输入以下语句:

```
SELECT DISTINCT native '籍贯'
FROM student;
```

执行结果如图 6-4 所示。

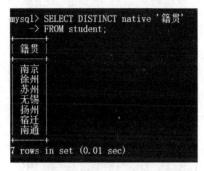

图 6-4 使用 DISTINCT 关键字消除重复行

5. 限制返回结果的数量

【例 6-5】 从 studb 数据库中的 student 表中查询信息,要求返回从第 2 条记录开始的 4 条记录。

打开 MySQL 8.0 Command Line Client,输入以下语句:

```
SELECT *
FROM student LIMIT 1,4;
```

图 6-5 使用 LIMIT 限制返回结果的数量

6. 计算列值

【例 6-6】 将 studb 数据库中 grade 表中的 score(成绩)减去 2 分计算,显示最终结果。

打开 MySQL 8.0 Command Line Client,输入以下语句:

```
SELECT sno,cno,score - 2
FROM grade;
```

执行结果如图 6-6 所示。

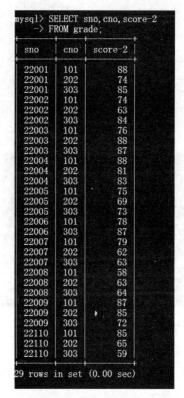

图 6-6 使用计算列

视频讲解

6.4.2 使用 WHERE 子句查询学生管理数据库

1. 使用比较运算符

语法格式如下:

```
WHERE expression1 表达式 1 比较运算符 表达式 2;
```

【例 6-7】 查询 studb 数据库中的 student 表中性别为"男"的学生信息。

打开 MySQL 8.0 Command Line Client,输入以下语句:

```
SELECT *
FROM student
WHERE sex = '男';
```

执行结果如图 6-7 所示。

【例 6-8】 查询 studb 数据库中 grade 表中的成绩大于 70 分的学生情况。

打开 MySQL 8.0 Command Line Client,输入以下语句:

```
SELECT *
FROM grade
WHERE score > 70;
```

执行结果如图 6-8 所示。

```
mysql> use studb;
Database changed
mysql> SELECT *
    -> FROM student
    -> WHERE sex='男';
+-------+--------+-----+--------+------------+------------+----------+
| sno   | sname  | sex | native | birthday   | spname     | tel      |
+-------+--------+-----+--------+------------+------------+----------+
| 22001 | 张丰   | 男  | 南京   | 2002-02-01 | 软件技术   | 75762348 |
| 22002 | 王小平 | 男  | 徐州   | 2003-03-12 | 软件技术   | 77700146 |
| 22003 | 程东   | 男  | 苏州   | 2003-12-13 | 软件技术   | 87786540 |
| 22006 | 赵小平 | 男  | 南京   | 2002-03-09 | 计算机应用 | 87665054 |
| 22007 | 严峰   | 男  | 徐州   | 2004-03-04 | 计算机应用 | 57768790 |
| 22110 | 马强   | 男  | 南通   | 2002-12-05 | 人工智能   | 55239800 |
+-------+--------+-----+--------+------------+------------+----------+
6 rows in set (0.01 sec)
```

图 6-7　查询性别为“男”的学生信息

```
mysql> SELECT *
    -> FROM grade
    -> WHERE score>70;
+-------+-----+-------+
| sno   | cno | score |
+-------+-----+-------+
| 22001 | 101 |    90 |
| 22001 | 202 |    76 |
| 22001 | 303 |    87 |
| 22002 | 101 |    76 |
| 22002 | 303 |    86 |
| 22003 | 101 |    78 |
| 22003 | 202 |    90 |
| 22003 | 303 |    89 |
| 22004 | 101 |    90 |
| 22004 | 202 |    83 |
| 22004 | 303 |    85 |
| 22005 | 101 |    77 |
| 22005 | 202 |    71 |
| 22005 | 303 |    75 |
| 22006 | 101 |    80 |
| 22006 | 303 |    89 |
| 22007 | 101 |    81 |
| 22009 | 101 |    89 |
| 22009 | 202 |    87 |
| 22009 | 303 |    74 |
| 22110 | 101 |    87 |
+-------+-----+-------+
21 rows in set (0.01 sec)
```

图 6-8　查询成绩大于 70 分的学生情况

重要提示：在使用比较运算符做查询时，若连接的数据类型不是数字，则需用单引号将比较运算符后面的数据引起来。运算符两边表达式的数据类型必须保持一致。

2. 使用逻辑运算符

语法格式如下：

```
WHERE [NOT] 表达式 1 逻辑运算符 表达式 2;
```

【例 6-9】 查询 studb 数据库中 student 表中的性别是“男”并且籍贯为“徐州”的学生信息。

打开 MySQL 8.0 Command Line Client，输入以下语句：

```
SELECT sname,sex,native
FROM student
WHERE sex = '男' and native = '徐州';
```

执行结果如图6-9所示。

图6-9　查询性别是"男"并且籍贯为"徐州"的学生信息

【例6-10】　查询studb数据库中student表中的籍贯为"徐州"或者专业是"人工智能"的学生信息。

打开MySQL 8.0 Command Line Client,输入以下语句:

```
SELECT *
FROM student
WHERE spname = '人工智能' or native = '徐州';
```

执行结果如图6-10所示。

图6-10　查询籍贯为"徐州"或者专业是"人工智能"的学生信息

【例6-11】　查询studb数据库中grade表中的成绩不大于80分的课程信息。

打开MySQL 8.0 Command Line Client,输入以下语句:

```
SELECT *
FROM grade
WHERE NOT(score > 80);
```

执行结果如图6-11所示。

3. 使用范围运算符

语法格式如下:

```
WHERE 表达式 [NOT] BETWEEN 开始值 AND 结束值;
```

语法说明如下。

（1）开始值:表示范围的下限。

（2）结束值:表示范围的上限,结束值大于或等于开始值。

【例6-12】　查询studb数据库中的grade表中202课程号的成绩在70分至80分之间的学生的学号和成绩。

打开MySQL 8.0 Command Line Client,输入以下语句:

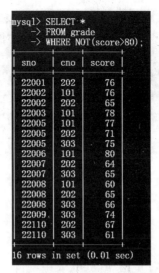

图 6-11　查询成绩不大于 80 分的课程信息

```
SELECT sno,score
FROM grade
WHERE cno = '202' and score BETWEEN 70 AND 80;
```

执行结果如图 6-12 所示。

图 6-12　查询 202 课程号的成绩在 70 分至 80 分之间的学生信息

【例 6-13】 查询 studb 数据库中的 student 表中出生日期在 2003-1-1 至 2004-12-31 之间的学生信息。

打开 MySQL 8.0 Command Line Client，输入以下语句：

```
SELECT *
FROM student
WHERE birthday BETWEEN '2003 - 1 - 1' AND '2004 - 12 - 31';
```

执行结果如图 6-13 所示。

重要提示：当使用日期作为范围条件时，必须用一对单引号括起来，并且使用的日期必须是"年-月-日"的形式。

4. 使用列表运算符

语法格式如下：

```
WHERE 表达式 [NOT] IN (值 1,值 2,值 3,…,值 n)
```

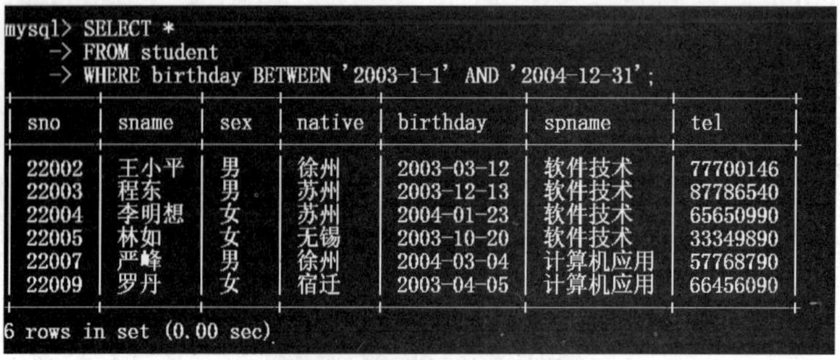

```
mysql> SELECT *
    -> FROM student
    -> WHERE birthday BETWEEN '2003-1-1' AND '2004-12-31';
+-------+--------+-----+--------+------------+-----------+----------+
| sno   | sname  | sex | native | birthday   | spname    | tel      |
+-------+--------+-----+--------+------------+-----------+----------+
| 22002 | 王小平 | 男  | 徐州   | 2003-03-12 | 软件技术  | 77700146 |
| 22003 | 程东   | 男  | 苏州   | 2003-12-13 | 软件技术  | 87786540 |
| 22004 | 李明想 | 女  | 苏州   | 2004-01-23 | 软件技术  | 65650990 |
| 22005 | 林如   | 女  | 无锡   | 2003-10-20 | 软件技术  | 33349890 |
| 22007 | 严峰   | 男  | 徐州   | 2004-03-04 | 计算机应用 | 57768790 |
| 22009 | 罗丹   | 女  | 宿迁   | 2003-04-05 | 计算机应用 | 66456090 |
+-------+--------+-----+--------+------------+-----------+----------+
6 rows in set (0.00 sec)
```

图 6-13　查询出生日期在 2003-1-1 至 2004-12-31 之间的学生信息

语法说明如下。

值 1,值 2,值 3,…,值 n：表示列表值，当有多个值时，需要用括号将这些值括起来，并且用逗号分隔这些列表值。

【例 6-14】 查询 studb 数据库中的 student 表中籍贯是"南京"或"宿迁"的学生信息。

打开 MySQL 8.0 Command Line Client，输入以下语句：

```
SELECT *
FROM student
WHERE native IN('南京','宿迁');
```

执行结果如图 6-14 所示。

```
mysql> SELECT *
    -> FROM student
    -> WHERE native IN('南京','宿迁');
+-------+--------+-----+--------+------------+-----------+----------+
| sno   | sname  | sex | native | birthday   | spname    | tel      |
+-------+--------+-----+--------+------------+-----------+----------+
| 22001 | 张丰   | 男  | 南京   | 2002-02-01 | 软件技术  | 75762348 |
| 22006 | 赵小平 | 男  | 南京   | 2002-03-09 | 计算机应用 | 87665054 |
| 22009 | 罗丹   | 女  | 宿迁   | 2003-04-05 | 计算机应用 | 66456090 |
+-------+--------+-----+--------+------------+-----------+----------+
3 rows in set (0.00 sec)
```

图 6-14　查询籍贯是"南京"或"宿迁"的学生信息

【例 6-15】 查询 studb 数据库中的 student 表中籍贯不是"南京""宿迁"的学生信息。

打开 MySQL 8.0 Command Line Client，输入以下语句：

```
SELECT *
FROM student
WHERE native NOT IN('南京','宿迁');
```

执行结果如图 6-15 所示。

重要提示：在使用 IN 关键字时，有效值列表中不能包含 NULL 值的数据。

5. 使用 LIKE 条件

语法格式如下：

```
WHERE 列名 [NOT] LIKE '字符串'[ESCAPE'转义字符']
```

(1) '字符串'：表示进行比较的字符串。

图 6-15 查询籍贯不是"南京""宿迁"的学生信息

(2) ESCAPE：指如果要查询的数据本身含有通配符时，可以使用该选项对通配符进行转义。

在进行字符串模糊匹配时，在'字符串'中使用通配符。表 6-2 列出了常用的通配符。

表 6-2 常用的通配符

通 配 符	含 义
%	任意多个字符
_	单个字符

【例 6-16】 查询 studb 数据库中的 student 表中姓"张"的学生信息。

打开 MySQL 8.0 Command Line Client，输入以下语句：

```
SELECT *
FROM student
WHERE sname LIKE '张%';
```

执行结果如图 6-16 所示。

图 6-16 查询姓"张"的学生信息

【例 6-17】 查询 studb 数据库中的 course 表中课程名含有"应用"二字的课程信息。

打开 MySQL 8.0 Command Line Client，输入以下语句：

```
SELECT *
FROM course
WHERE cname LIKE '%应用%';
```

执行结果如图 6-17 所示。

【例 6-18】 查询 studb 数据库中的 course 表中课程名含有下画线的课程信息。

打开 MySQL 8.0 Command Line Client，输入以下语句：

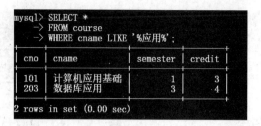

图 6-17 查询课程名含有"应用"二字的课程信息

```
SELECT *
FROM course
WHERE cname LIKE '%\_%';
```

执行结果如图 6-18 所示。

图 6-18 查询课程名含有下画线的课程信息

Empty set 说明 course 表中没有满足条件的结果,返回空记录集。

说明:在 MySQL 中默认的转义字符为"\",当使用其他转义字符时,需要加关键字 ESCAPE。例 6-18 可以使用"#"进行转义,代码如下。

```
SELECT *
FROM course
WHERE cname LIKE '% # _ % 'ESCAPE'#';
```

6. 使用 IS NULL 条件

语法格式如下:

```
WHERE 表达式 IS [NOT] NULL
```

【例 6-19】 查询 studb 数据库中的 grade 表中成绩为空的学生信息(因为 grade 表中的 score 列值均不为空,所以没有查出满足条件的学生信息)。

打开 MySQL 8.0 Command Line Client,输入以下语句:

```
SELECT *
FROM grade
WHERE score IS NULL;
```

执行结果如图 6-19 所示。

图 6-19 成绩为空的学生信息

6.4.3 使用聚合函数实现数据的统计操作

1. COUNT()函数

语法格式如下：

```
COUNT(字段名|*)
```

其中，COUNT(字段名)返回行数时不包括 NULL 的行；COUNT(*)返回行数时包括值为 NULL 的行。

【例6-20】 统计 studb 数据库中 student 表中的学生总人数。

打开 MySQL 8.0 Command Line Client，输入以下语句：

```sql
SELECT COUNT(*) AS 总人数
FROM student;
```

执行结果如图 6-20 所示。

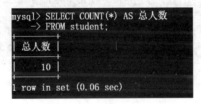

图 6-20 统计学生总人数

2. MAX()函数

语法格式如下：

```
MAX(字段名)
```

表示求指定列的最大值。

【例6-21】 统计 studb 数据库中选修 202 课程的学生的最高分。

打开 MySQL 8.0 Command Line Client，输入以下语句：

```sql
SELECT MAX(score) AS '202课程的最高分'
FROM grade
WHERE cno = '202';
```

执行结果如图 6-21 所示。

图 6-21 选修 202 课程的学生的最高分

3. MIN()函数

语法格式如下：

```
MIN(字段名)
```

表示求指定列的最小值。

【例6-22】 统计studb数据库中选修202课程的学生的最低分。

打开MySQL 8.0 Command Line Client，输入以下语句：

```
SELECT MIN(score) AS '202课程的最低分'
FROM grade
WHERE cno = '202';
```

执行结果如图6-22所示。

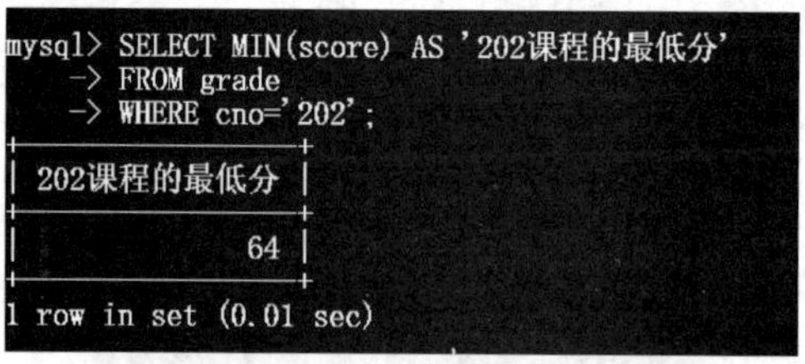

图6-22 选修202课程的学生的最低分

4. SUM()函数

语法格式如下：

```
SUM(字段名)
```

表示求指定列的和。

【例6-23】 查询studb数据库中学号为22007学生的所学课程的总成绩。

打开MySQL 8.0 Command Line Client，输入以下语句：

```
SELECT SUM(score) AS '课程总成绩'
FROM grade
WHERE sno = '22007';
```

执行结果如图6-23所示。

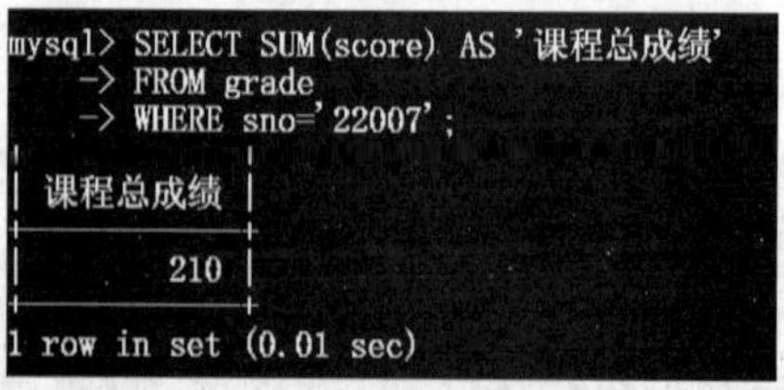

图6-23 学号为22007学生的所学课程的总成绩

5. AVG()函数

语法格式如下：

```
AVG(字段名)
```

表示求指定列的平均值。

【例 6-24】 查询 studb 数据库中选修 303 课程的学生的平均成绩。

打开 MySQL 8.0 Command Line Client，输入以下语句：

```
SELECT AVG(score) AS '303 课程平均成绩'
FROM grade
WHERE cno = '303';
```

执行结果如图 6-24 所示。

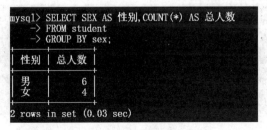

图 6-24　选修 303 课程的学生的平均成绩

6.4.4　使用 GROUP BY 子句查询学生管理数据库

视频讲解

语法格式如下：

```
GROUP BY 分组字段
```

语法说明如下。

分组字段：表示分组所依据的列，可以指定 1 个列，也可以指定多个列，彼此间用逗号分隔。

【例 6-25】 查询 studb 数据库中的 student 表中男生、女生的人数。

打开 MySQL 8.0 Command Line Client，输入以下语句：

```
SELECT SEX AS 性别, COUNT( * ) AS 总人数
FROM student
GROUP BY sex;
```

执行结果如图 6-25 所示。

图 6-25　男生、女生的人数

【例 6-26】 按学生籍贯统计各个地区的人数。

打开 MySQL 8.0 Command Line Client,输入以下语句:

```
SELECT native,COUNT(native) as '籍贯人数'
FROM student
GROUP BY native;
```

执行结果如图 6-26 所示。

```
mysql> SELECT native,COUNT(native) as '籍贯人数'
    -> FROM student
    -> GROUP BY native;
+--------+----------+
| native | 籍贯人数 |
+--------+----------+
| 南京   |        2 |
| 徐州   |        2 |
| 苏州   |        2 |
| 无锡   |        1 |
| 扬州   |        1 |
| 宿迁   |        1 |
| 南通   |        1 |
+--------+----------+
7 rows in set (0.01 sec)
```

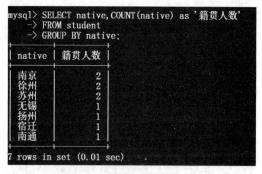

图 6-26 统计各个地区的人数

6.4.5 使用 HAVING 子句查询学生管理数据库

语法格式如下:

```
HAVING 查询条件
```

HAVING 子句中可以使用聚合函数,而 WHERE 子句中不可以。

使用 HAVING 子句的目的与 WHERE 子句类似,不同的是 WHERE 子句用来在 FROM 子句之后选择行,而 HAVING 子句用来在 GROUP BY 子句后选择行。

【例 6-27】 查询籍贯为“苏州”的学生的平均年龄。

打开 MySQL 8.0 Command Line Client,输入以下语句:

```
SELECT native AS '籍贯',AVG(YEAR(SYSDATE()) - YEAR(birthday)) AS '平均年龄'
FROM student
GROUP BY native
HAVING native = '苏州';
```

执行结果如图 6-27 所示。

```
mysql> SELECT native AS '籍贯',AVG(YEAR(SYSDATE()) YEAR(birthday)) AS '平均年龄'
    -> FROM student
    -> GROUP BY native
    -> HAVING native='苏州';
+------+----------+
| 籍贯 | 平均年龄 |
+------+----------+
| 苏州 |  18.5000 |
+------+----------+
1 row in set (0.02 sec)
```

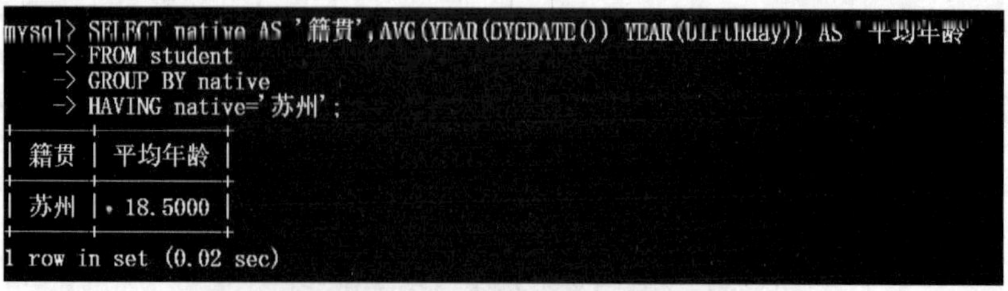

图 6-27 籍贯为“苏州”的学生的平均年龄

【例6-28】 查询选修课程超过2门并且平均成绩在85分以上的学生学号和平均成绩。

打开 MySQL 8.0 Command Line Client,输入以下语句:

```
SELECT sno AS '学号',AVG(score) AS '平均成绩'
FROM grade
GROUP BY sno
HAVING AVG(score)>= 85 AND COUNT(sno)> 2;
```

执行结果如图 6-28 所示。

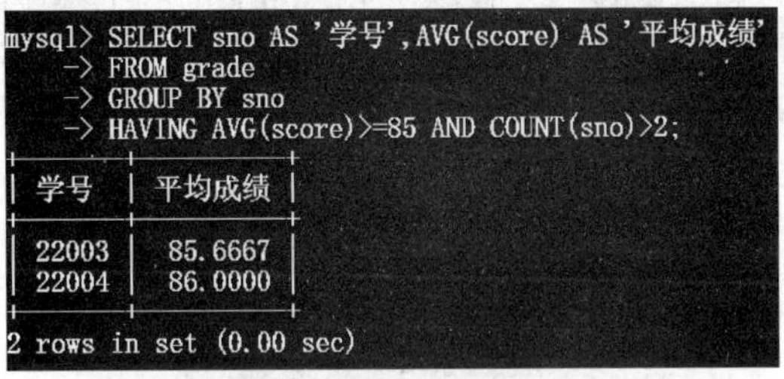

图 6-28 选修课程超过 2 门并且平均成绩在 85 分以上的学生信息

6.4.6 使用 ORDER BY 子句查询学生管理数据库

语法格式如下:

```
ORDER BY {<列名>|<表达式>} [ASC|DESC]
```

语法说明如下。

(1) <列名>|<表达式>:指定排序列或列的别名和表达式。排序列之间用逗号分隔,列后可指明排序要求。

(2) ASC|DESC:指定排序要求,ASC 关键字表示升序排序,DESC 关键字表示降序排序。默认值是 ASC。

【例6-29】 从 studb 数据库中的 student 表中查询学生信息,按照 birthday 的升序进行排序。

打开 MySQL 8.0 Command Line Client,输入以下语句:

```
SELECT *
FROM student
ORDER BY birthday ASC;
```

执行结果如图 6-29 所示。

【例6-30】 查询选修了 202 课程的学生学号和成绩,成绩按照降序进行排序。

打开 MySQL 8.0 Command Line Client,输入以下语句:

```
SELECT sno,score
FROM grade
WHERE cno = '202'
ORDER BY score DESC;
```

执行结果如图 6-30 所示。

图 6-29　按照 birthday 的升序进行排序

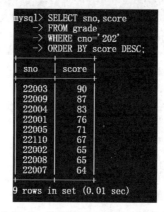

图 6-30　选修 202 课程的学生成绩按照降序进行排序

6.5　多表连接查询学生管理数据库

6.5.1　使用内连接查询学生管理数据库

语法格式如下：

FROM 表名 1 INNER JOIN 表名 2 [ON 连接条件]

语法说明如下。

表名 1、表名 2：指进行内连接的两张表的表名。

【例 6-31】　查询 studb 数据库中的学生情况和选修课程情况。

打开 MySQL 8.0 Command Line Client，输入以下语句：

```
SELECT *
FROM student INNER JOIN grade
ON student.sno = grade.sno;
```

执行结果如图 6-31 所示。

【例 6-32】　查询选修了 101 课程且成绩高于 70 分的学生姓名、学号和成绩。

打开 MySQL 8.0 Command Line Client，输入以下语句：

图 6-31　studb 数据库中的学生情况和选修课程情况

```
SELECT student.sno, student.sname, grade.score
FROM student INNER JOIN grade
ON student.sno = grade.sno
WHERE cno = '101' AND score > 70;
```

执行结果如图 6-32 所示。

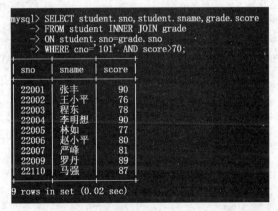

图 6-32　选修 101 课程且成绩高于 70 分的学生情况

【例 6-33】　查询选修了 202 课程且成绩在 60 分以上的学生姓名、学号和成绩，按照成绩进行升序排序。

打开 MySQL 8.0 Command Line Client，输入以下语句：

```sql
SELECT s.sno, s.sname, g.score
FROM student s INNER JOIN grade g
ON s.sno = g.sno
WHERE cno = '202' AND score >= 60
ORDER BY g.score ASC;
```

执行结果如图 6-33 所示。

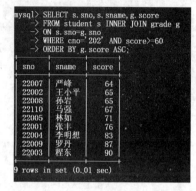

图 6-33　选修 202 课程且成绩在 60 分以上的学生情况

【例 6-34】 对例 6-31 使用自然连接查询。

打开 MySQL 8.0 Command Line Client，输入以下语句：

```sql
SELECT DISTINCT student.sno, student.sname, grade.cno, grade.score
FROM student INNER JOIN grade
ON student.sno = grade.sno;
```

执行结果如图 6-34 所示。

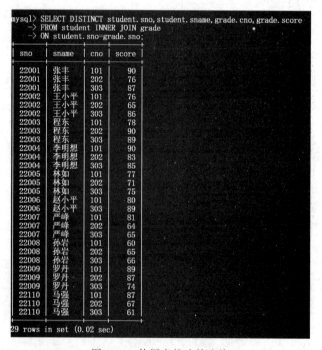

图 6-34　使用自然连接查询

说明：在 FROM 子句中给出基表定义别名时，可以直接使用<表名><别名>的方式，例如，student s。

6.5.2　使用外连接查询学生管理数据库

1. 左外连接

左外连接的查询中左表就是主表，右表就是从表。左外连接的查询结果除了包括满足连接条件的行外，还包括左表的所有行。如果左表的某数据行没有在右表中找到匹配的数据行，则在右表的对应位置填入 NULL 值。语法格式如下：

```
FROM 主表 LEFT OUTER JOIN 从表 [ON 连接条件]
```

【例 6-35】 查询学生信息，包括所选修的课程号。

先向 student 表中添加如下记录。

sno	sname	sex	native	birthday	spname	tel
22111	柳烽	男	南京	2003-08-31	人工智能	65890023

打开 MySQL 8.0 Command Line Client，输入以下语句：

```
SELECT student. * ,cno
FROM student LEFT OUTER JOIN grade
ON student. sno = grade. sno;
```

执行结果如图 6-35 所示。

可以看出，由于 grade 表中没有 22111 这个学生信息，所以该条记录只取出 student 表中相应的值，而从表 grade 中取出的值为 NULL。

2. 右外连接

右外连接的查询中右表就是主表，左表就是从表。右外连接的查询结果除了包括满足连接条件的行外，还包括右表的所有行。右外连接是左外连接的反向，如果右表的某数据行没有在左表中找到匹配的数据行，则在左表的对应位置填入 NULL 值。语法格式如下：

```
FROM 从表 RIGHT OUTER JOIN 主表 [ON 连接条件]
```

【例 6-36】 对例 6-35 的左外连接使用右外连接查询。

为理解右外连接与左外连接的区别，先向 grade 表中添加如下记录。

sno	cno	score
21001	101	93

学号为 21001 的学生在 student 表中是不存在的。

打开 MySQL 8.0 Command Line Client，输入以下语句：

```
SELECT student. * ,cno
FROM student RIGHT OUTER JOIN grade
ON student. sno = grade. sno;
```

执行结果如图 6-36 所示。

```
mysql> SELECT student.*,cno
    -> FROM student LEFT OUTER JOIN grade
    -> ON student.sno=grade.sno;
```

sno	sname	sex	native	birthday	spname	tel	cno
22001	张丰	男	南京	2002-02-01	软件技术	75762348	101
22001	张丰	男	南京	2002-02-01	软件技术	75762348	202
22001	张丰	男	南京	2002-02-01	软件技术	75762348	303
22002	王小平	男	徐州	2003-03-12	软件技术	77700146	101
22002	王小平	男	徐州	2003-03-12	软件技术	77700146	202
22002	王小平	男	徐州	2003-03-12	软件技术	77700146	303
22003	程东	男	苏州	2003-12-13	软件技术	87786540	101
22003	程东	男	苏州	2003-12-13	软件技术	87786540	202
22003	程东	男	苏州	2003-12-13	软件技术	87786540	303
22004	李明想	女	苏州	2004-01-23	软件技术	65650990	101
22004	李明想	女	苏州	2004-01-23	软件技术	65650990	202
22004	李明想	女	苏州	2004-01-23	软件技术	65650990	303
22005	林如	女	无锡	2003-10-20	软件技术	33349890	101
22005	林如	女	无锡	2003-10-20	软件技术	33349890	202
22005	林如	女	无锡	2003-10-20	软件技术	33349890	303
22006	赵小平	男	南京	2002-03-09	计算机应用	87665054	101
22006	赵小平	男	南京	2002-03-09	计算机应用	87665054	303
22007	严峰	男	徐州	2004-03-04	计算机应用	57768790	101
22007	严峰	男	徐州	2004-03-04	计算机应用	57768790	202
22007	严峰	男	徐州	2004-03-04	计算机应用	57768790	303
22008	孙岩	女	扬州	2002-10-09	计算机应用	78986759	101
22008	孙岩	女	扬州	2002-10-09	计算机应用	78986759	202
22008	孙岩	女	扬州	2002-10-09	计算机应用	78986759	303
22009	罗丹	女	宿迁	2003-04-05	计算机应用	66456090	101
22009	罗丹	女	宿迁	2003-04-05	计算机应用	66456090	202
22009	罗丹	女	宿迁	2003-04-05	计算机应用	66456090	303
22110	马强	男	南通	2002-12-05	人工智能	55239800	101
22110	马强	男	南通	2002-12-05	人工智能	55239800	202
22110	马强	男	南通	2002-12-05	人工智能	55239800	303
22111	柳烽	男	南京	2003-08-31	人工智能	65890023	NULL

30 rows in set (0.01 sec)

图 6-35　使用左外连接查询学生信息和选修的课程号

```
mysql> SELECT student.*,cno
    -> FROM student RIGHT OUTER JOIN grade
    -> ON student.sno=grade.sno;
```

sno	sname	sex	native	birthday	spname	tel	cno
NULL	NULL	NULL	NULL	NULL	NULL	NULL	101
22001	张丰	男	南京	2002-02-01	软件技术	75762348	101
22001	张丰	男	南京	2002-02-01	软件技术	75762348	202
22001	张丰	男	南京	2002-02-01	软件技术	75762348	303
22002	王小平	男	徐州	2003-03-12	软件技术	77700146	101
22002	王小平	男	徐州	2003-03-12	软件技术	77700146	202
22002	王小平	男	徐州	2003-03-12	软件技术	77700146	303
22003	程东	男	苏州	2003-12-13	软件技术	87786540	101
22003	程东	男	苏州	2003-12-13	软件技术	87786540	202
22003	程东	男	苏州	2003-12-13	软件技术	87786540	303
22004	李明想	女	苏州	2004-01-23	软件技术	65650990	101
22004	李明想	女	苏州	2004-01-23	软件技术	65650990	202
22004	李明想	女	苏州	2004-01-23	软件技术	65650990	303
22005	林如	女	无锡	2003-10-20	软件技术	33349890	101
22005	林如	女	无锡	2003-10-20	软件技术	33349890	202
22005	林如	女	无锡	2003-10-20	软件技术	33349890	303
22006	赵小平	男	南京	2002-03-09	计算机应用	87665054	101
22006	赵小平	男	南京	2002-03-09	计算机应用	87665054	303
22007	严峰	男	徐州	2004-03-04	计算机应用	57768790	101
22007	严峰	男	徐州	2004-03-04	计算机应用	57768790	202
22007	严峰	男	徐州	2004-03-04	计算机应用	57768790	303
22008	孙岩	女	扬州	2002-10-09	计算机应用	78986759	101
22008	孙岩	女	扬州	2002-10-09	计算机应用	78986759	202
22008	孙岩	女	扬州	2002-10-09	计算机应用	78986759	303
22009	罗丹	女	宿迁	2003-04-05	计算机应用	66456090	101
22009	罗丹	女	宿迁	2003-04-05	计算机应用	66456090	202
22009	罗丹	女	宿迁	2003-04-05	计算机应用	66456090	303
22110	马强	男	南通	2002-12-05	人工智能	55239800	101
22110	马强	男	南通	2002-12-05	人工智能	55239800	202
22110	马强	男	南通	2002-12-05	人工智能	55239800	303

30 rows in set (0.00 sec)

图 6-36　使用右外连接查询学生信息和选修的课程号

可以看出，由于 student 表中没有学号为 21001 的学生，所以这条记录只取出了表 grade 中相应的值，而从表 student 中取出的值是 NULL。

6.5.3 使用交叉连接查询学生管理数据库

语法格式如下：

```
FROM 表名1 CROSS JOIN 表名2 [ON 连接条件]
```

1. 不使用 WHERE 子句的交叉连接

不使用 WHERE 子句的交叉连接，返回的结果是两个表所有行的笛卡儿乘积，相当于一个表中符合查询条件的行数乘以另一个表中符合查询条件的行数。

【例 6-37】 查询 studb 数据库中的 student 表和 grade 表中的所有数据信息。

打开 MySQL 8.0 Command Line Client，输入以下语句：

```
SELECT student.*,cno
FROM student CROSS JOIN grade;
```

执行结果如图 6-37 所示。

图 6-37 不使用 WHERE 子句的交叉连接查询

说明：student 表中有 12 条记录，grade 表中有 30 条记录，执行结果中有 360 条记录。

2. 使用 WHERE 子句的交叉连接

使用 WHERE 子句的交叉连接，返回的结果是先生成两个表的笛卡儿乘积再选择满足 WHERE 子句条件搜索到的数据。

【例 6-38】 对 studb 数据库中的 student 表和 grade 表进行交叉连接查询，查询选修了 303 课程的学生信息和成绩，并按成绩进行降序排序。

打开 MySQL 8.0 Command Line Client，输入以下语句：

```
SELECT student. * ,grade. score
FROM student CROSS JOIN grade
WHERE grade. sno = student. sno AND grade. cno = '303'
ORDER BY grade. score DESC;
```

执行结果如图 6-38 所示。

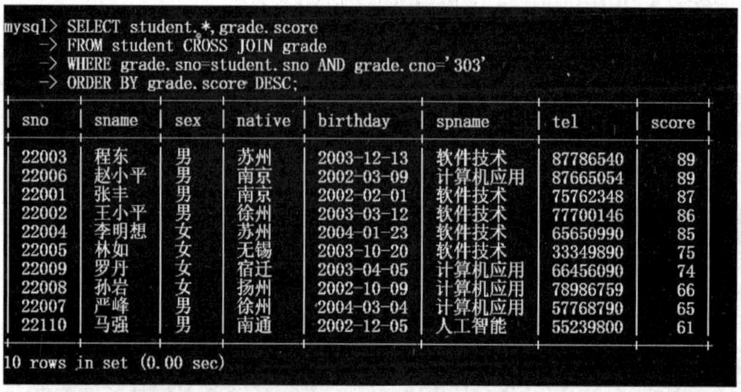

```
mysql> SELECT student.*, grade.score
    -> FROM student CROSS JOIN grade
    -> WHERE grade.sno=student.sno AND grade.cno='303'
    -> ORDER BY grade.score DESC;
```

sno	sname	sex	native	birthday	spname	tel	score
22003	程东	男	苏州	2003-12-13	软件技术	87786540	89
22006	赵小平	男	南京	2002-03-09	计算机应用	87665054	89
22001	张丰	男	南京	2002-02-01	软件技术	75762348	87
22002	王小平	男	徐州	2003-03-12	软件技术	77700146	86
22004	李明想	女	苏州	2004-01-23	软件技术	65650990	85
22005	林如	女	无锡	2003-10-20	软件技术	33349890	75
22009	罗丹	女	宿迁	2003-04-05	计算机应用	66456090	74
22008	孙岩	女	扬州	2002-10-09	计算机应用	78986759	66
22007	严峰	男	徐州	2004-03-04	计算机应用	57768790	65
22110	马强	男	南通	2002-12-05	人工智能	55239800	61

```
10 rows in set (0.00 sec)
```

图 6-38 使用 WHERE 子句的交叉连接查询

6.5.4 使用自连接查询学生管理数据库

【例 6-39】 查询同名学生的学号、姓名和专业名。

打开 MySQL 8.0 Command Line Client，输入以下语句：

```
SELECT A. sno, A. sname, B. spname
FROM student A INNER JOIN student B
ON A. sname = B. sname
WHERE A. sno!= B. sno;
```

执行结果如图 6-39 所示。

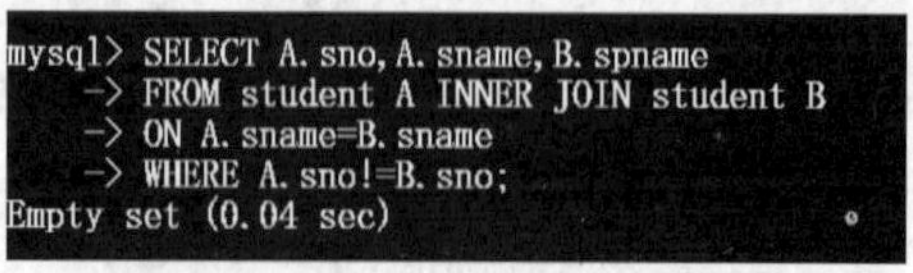

```
mysql> SELECT A.sno, A.sname, B.spname
    -> FROM student A INNER JOIN student B
    -> ON A.sname=B.sname
    -> WHERE A.sno!=B.sno;
Empty set (0.04 sec)
```

图 6-39 使用自连接查询

说明：由于 student 表中没有同名的学生，本例查询结果返回的是没有数据行。

6.5.5 使用组合查询查询学生管理数据库

语法格式如下：

```
SELECT 列名
FROM 表名 1
[WHERE 条件表达式]
{UNION [ALL]
SELECT 列名
FROM 表名 2
[WHERE 条件表达式]}
[ORDER BY 排序列名]
```

其中，ALL 关键字表示将返回全部满足匹配的结果；不使用 ALL 关键字，则返回结果重复行中的一行。

【例 6-40】 在 studb 数据库中的 student 表中查询性别为"女"的学生的学号和姓名，并为其增加新列"所属位置"，新列的内容为"学生信息表"。在 grade 表中查询所有的学号和课程号信息，并定义新增列的内容为"选课信息表"，最后将两个查询结果组合在一起。

打开 MySQL 8.0 Command Line Client，输入以下语句：

```
SELECT sno,sname,'学生信息表' AS 所属位置
FROM student
WHERE sex = '女'
UNION
SELECT sno,cno,'选课信息表'
FROM grade;
```

执行结果如图 6-40 所示。

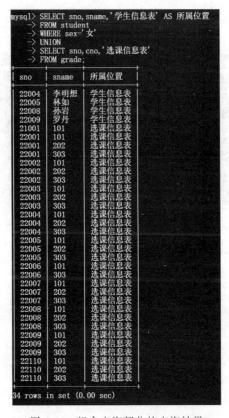

图 6-40 组合查询部分的查询结果

说明：在进行组合查询时，查询结果的列标题是第一个查询语句的列标题。在进行组合查询时，需保证每个组合查询语句的选择列表中具有相同数量的表达式，并且每个查询选择表达式应具有相同的数据类型，或者可以自动将它们转换为相同的数据类型。

6.6 子查询

6.6.1 带有 IN 运算符的子查询

语法格式如下：

```
WHERE 表达式 IN|NOT IN(子查询)
```

语法说明如下。
（1）表达式：指定所要查询的目标列或表达式。
（2）子查询：指定子查询的内容。

【例 6-41】　在 studb 数据库中的 student 表中，查询与"王鹏"同样籍贯的学生信息。
打开 MySQL 8.0 Command Line Client，输入以下语句：

```
SELECT * FROM student
WHERE native IN(
    SELECT native FROM student
    WHERE sname = '王鹏'
);
```

执行结果如图 6-41 所示。

图 6-41　带有 IN 运算符的子查询

【例 6-42】　在 studb 数据库中的 student 表中，查询与"王鹏"不同籍贯的学生信息。
打开 MySQL 8.0 Command Line Client，输入以下语句：

```
SELECT * FROM student
WHERE native NOT IN(
    SELECT native FROM student
    WHERE sname = '王鹏'
);
```

执行结果如图 6-42 所示。

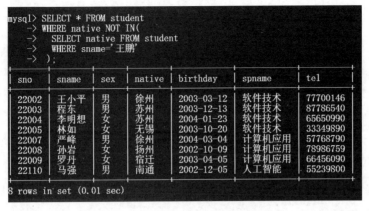

图 6-42 带有 NOT IN 运算符的子查询

6.6.2 带有比较运算符的子查询

语法格式如下：

WHERE 表达式 运算符 [ANY|ALL|SOME](子查询)

语法说明如下。

(1) 运算符：表示比较运算符(=、<、>、>=、<=、!=)。

(2) ANY|ALL|SOME：SQL 支持的在子查询中进行比较的关键字。ANY 和 SOME 表示若返回值中至少有一个值的比较为真，那么就满足查询条件；ALL 表示无论子查询返回的每个值的比较是否是真或有无返回值，都满足查询条件。

【例 6-43】 在 studb 数据库中的 student 表中查询出小于任意一个"软件技术"专业学生年龄的学生学号、姓名和年龄。

打开 MySQL 8.0 Command Line Client，输入以下语句：

```
SELECT sno,sname,YEAR(SYSDATE()) - YEAR(birthday) as age
FROM student
WHERE YEAR(SYSDATE()) - YEAR(birthday)<
ANY (SELECT (YEAR(SYSDATE()) - YEAR(birthday)) FROM student WHERE spname = '软件技术');
```

执行结果如图 6-43 所示。

图 6-43 带有 ANY 比较运算符的子查询

6.6.3　带有 EXISTS 运算符的子查询

语法格式如下：

```
WHERE EXISTS|NOT EXISTS (子查询)
```

【例 6-44】　查询已选修课程的学生的学号和姓名。

打开 MySQL 8.0 Command Line Client，输入以下语句：

```
SELECT sno,sname
FROM student
WHERE EXISTS
(SELECT sno FROM grade);
```

执行结果如图 6-44 所示。

图 6-44　带有 EXISTS 运算符的子查询

1. 任务实训目的

(1) 掌握 SELECT 语句的基本语法和用法。
(2) 掌握使用 SELECT 语句进行简单数据查询和复杂数据查询。

2. 任务实训内容

建议：以下查询均在 studb 样本数据库中进行。

(1) 分别查询 student、course、grade 表中的所有信息。
(2) 查询籍贯为"南通"的学生信息。
(3) 查询选修了 303 课程的报名人数。
(4) 查询姓"马"的学生信息。
(5) 查询选修了 202 课程的学生学号、姓名、专业和成绩，并按成绩进行降序排序。
(6) 统计"人工智能"专业学生的平均年龄。
(7) 查询年龄大于"软件技术"专业的学生平均年龄的学生学号、姓名、性别和年龄。

(8) 查询选修了 202 课程的成绩在 70 分至 80 分之间的学生学号、姓名。
(9) 查询籍贯相同但专业不同的学生信息,包括学号、姓名、性别和专业。
(10) 查询与"张丰"同学不同籍贯的学生信息,包括学号、姓名、性别和籍贯。

项目小结

本项目介绍 SELECT 语句的语法格式以及数据库中各种查询语句的用法。

项目 7

MySQL 编程基础

任务描述

(1) 统计和处理数据,可以通过 SQL 语言编写成函数执行,如何使用?
(2) 流程控制语句的使用能够有效解决数据库程序设计中的复杂逻辑问题,如何使用?

学习目标

(1) 掌握:常量和变量的使用,各种类型运算符的使用,MySQL 中流程控制语句的使用,函数的使用。
(2) 了解:常量和变量的相关知识。

知识准备

视频讲解

7.1 MySQL 语言结构概述

MySQL 数据库在数据的存储、查询及更新时所使用的语言是遵守 SQL 标准的。但为了用户编程的方便,MySQL 也增加了一些自己特有的语言元素,如常量、变量、运算符、函数和流程控制语句等。

7.1.1 常量

常量也称为文字值或标量值,是表示一个特定数据值的符号,是在程序运行过程中值不变的量。常量的格式取决于它所表示的值的数据类型。MySQL 中的常量分为以下几种类型。

1. 字符串常量

字符串常量被括在一对单引号或双引号内并包含字母、数字字符(a~z、A~Z 和 0~9)以及特殊字符。在字符串中,使用特殊字符,需要使用转义符。

字符串常量分为两种。
(1) ASCII 字符串常量是用一对单引号括起来的,由 ASCII 字符构成的字符串,如'abcd'、'数据库'。
(2) Unicode 字符串常量的格式与 ASCII 字符串常量相似,但它前面有一个 N 标识符,

N 前缀必须是大写字母,并且字符串只能用一对单引号括起来。如 N'abcd'、N'数据库'。

2. 数值常量

数值常量可以分为整数常量和浮点数常量。

整数常量即不带小数点的十进制数,例如:2、+16789876、−1345678。

浮点数常量是使用小数点的数值常量,例如:4.36、−1.23、101.2E3、0.5E−2。

3. 日期时间常量

日期时间常量由单引号将表示日期时间的字符串括起来构成。日期型常量包括年、月、日,数据类型为 DATE,表示为"2022-06-10"这样的值。

时间型常量包括小时数、分钟数、秒数及微秒数,数据类型为 TIME,表示为"12:28:51.00013"这样的值。

MySQL 还支持日期/时间的组合,数据类型为 DATETIME 或 TIMESTAMP,如"2022-06-10 12:28:51"。DATETIME 和 TIMESTAMP 的区别在于:DATETIME 的年份为 1000~9999,而 TIMESTAMP 的年份为 1970~2037,还有就是 TIMESTAMP 在插入带微秒的日期时间时将微秒忽略。TIMESTAMP 还支持时区,即在不同时区转换为相应时间。

MySQL 是按年-月-日的顺序表示日期的。中间的间隔符"-"也可以使用如"\"、"@"或"%"等特殊符号。

4. 布尔值

布尔值只包含两个可能的值:TRUE 和 FALSE。FALSE 的数字值为"0",TRUE 的数字值为"1"。

5. NULL 值

NULL 值适用于各种列类型,它通常用来表示"没有值""无数据"等意义,并且不同于数字类型的"0"或字符串类型的空字符串。

7.1.2 变量

变量用于临时存放数据,在程序运行过程中变量中的数据可以改变。变量由变量名和数据类型组成。变量名用于标识该变量,不能与命令或函数名称相同;变量的数据类型用于确定变量存放值的格式和允许的运算。

1. 用户变量

用户可以在表达式中使用自己定义的变量,这样的变量叫作用户变量。用户可以先在用户变量中保存值,然后在以后引用它,这样可以将值从一条语句传递到另一条语句。在使用用户变量前必须定义和初始化。如果使用没有初始化的变量,它的值为 NULL。用户变量与连接有关。也就是说,一个客户端定义的变量不能被其他客户端看到或使用。当客户端退出时,该客户端连接的所有变量将自动释放。

2. 系统变量

系统变量是 MySQL 的特定设置,与用户变量一样,系统变量也是一个值和一个数据类型,但不同的是,系统变量在 MySQL 服务器启动时就被引入并初始化为默认值。当 MySQL 数据库服务器启动时,这些设置被读取从而决定下一步骤。例如,有些设置定义了数据如何被存储,有些设置则影响到处理速度,还有些与日期有关,这些设置就是系统变量。

7.1.3 运算符与表达式

运算符是一种符号，用来指定要在一个或多个表达式中执行的操作。MySQL 的运算符分为算术运算符、比较运算符、位运算符、逻辑运算符。

表达式是标识符、变量、常量、标量函数、子查询、运算符等的组合。

1. 算术运算符

算术运算符用于在两个表达式上执行数学运算，这两个表达式可以是任何数字数据类型。MySQL 的算术运算符及其说明见表 7-1。

表 7-1 MySQL 的算术运算符及其说明

算术运算符	说 明
+（加）	对两个表达式进行加运算
-（减）	对两个表达式进行减运算
*（乘）	对两个表达式进行乘运算
/（除）	对两个表达式进行除运算
%（取模）	返回一个除法运算的整数余数

2. 比较运算符

比较运算符用于对两个表达式进行比较，用于测试两个表达式的值是否相同。返回的结果为 TRUE、FALSE 或 UNKNOWN。MySQL 的比较运算符及其说明见表 7-2。

表 7-2 MySQL 的比较运算符及其说明

比较运算符	说 明
=（等于）	对于非空的参数，如果左边的参数等于右边的参数，则返回 TRUE；否则返回 FALSE
<>,!=（不等于）	对于非空的参数，如果左边的参数不等于右边的参数，则返回 TRUE；否则返回 FALSE
>（大于）	对于非空的参数，如果左边的参数大于右边的参数，则返回 TRUE；否则返回 FALSE
>=（大于或等于）	对于非空的参数，如果左边的参数大于或等于右边的参数，则返回 TRUE；否则返回 FALSE
<（小于）	对于非空的参数，如果左边的参数小于右边的参数，则返回 TRUE；否则返回 FALSE
<=（小于或等于）	对于非空的参数，如果左边的参数小于或等于右边的参数，则返回 TRUE；否则返回 FALSE
<=>	相等或都等于空

3. 位运算符

位运算符是在二进制数上进行计算的运算符。位运算先将数据转换成二进制数，然后进行位运算，最后将计算结果从二进制转换为原来的类型。MySQL 的位运算符及其说明见表 7-3。

表 7-3 MySQL 的位运算符及其说明

位运算符	说明
&（位与）	位与逻辑运算，两个位均为 1 时，结果为 1，否则为 0
|（位或）	位或逻辑运算，只要一个位为 1，结果为 1，否则为 0
^（位异或）	位异或运算，两个位值不同时，结果为 1，否则为 0
<<（位左移）	位左移运算符，将给定值的二进制数的所有位左移指定的位数
>>（位右移）	位右移运算符，将给定值的二进制数的所有位右移指定的位数

4. 逻辑运算符

包括与、或、非和异或等逻辑运算符，其返回值为布尔型、真值（1 或 TRUE）和假值（0 或 FALSE）。MySQL 的逻辑运算符及其说明见表 7-4。

表 7-4 MySQL 的逻辑运算符及其说明

逻辑运算符	说明
NOT 或 !	当给定的值为 0 时返回 1；当给定的值为非 0 值时返回 0；当给定的值为 NULL 时，返回 NULL
AND 或 &&	当给定的所有值均为非 0 值，并且都不为 NULL 时，返回 1；当给定的一个值或者多个值为 0 时则返回 0；否则返回 NULL
OR 或 ||	如果两个布尔表达式中的一个为 TRUE，则运算结果为 TRUE
XOR	如果两个数都不是 0 或者都是 0 值，则运算结果为 0；若一个为 0，另一个不为非 0，则运算结果为 1

5. 运算符的优先级

当一个复杂的表达式有多个运算符时，运算符优先级决定执行运算的先后顺序，这些运算符的执行顺序一般会影响表达式的运行结果。

MySQL 运算符优先级的说明见表 7-5，级别的数字越小，级别越高。

表 7-5 MySQL 运算符优先级的说明

级别	运算符
1	=（赋值运算）、:=
2	||、OR
3	XOR
4	&&、AND
5	NOT
6	BETWEEN、CASE、WHEN、THEN、ELSE
7	=（比较运算）、<=>、>=、>、<=、<、<>、!=、IS、LIKE、REGEXP、IN
8	|
9	&
10	<<、>>
11	－（减号）、+
12	*、/、%
13	^
14	－（负号）、~（位反转）
15	!

不同运算符的优先级是不同的。一般情况下，级别高的运算符优先进行计算，如果级别相同，MySQL 按表达式的顺序从左到右依次计算。另外，在无法确定优先级的情况下，可

以使用圆括号"()"来改变优先级,并且这样会使计算过程更加清晰。

6. 表达式

表达式是按照一定的原则,用运算符将常量、变量、标识符等对象连接而成的有意义的式子。

表达式可以分为简单表达式和复杂表达式两种类型。简单表达式可以是一个常量、变量、列名或标量函数。复杂表达式是指可以用运算符将两个或更多个简单表达式通过使用运算符连接起来的表达式。

7.1.4 系统内置函数

在程序设计过程中,常常调用系统提供的内置函数。下面介绍一些常用的系统内置函数。

1. 数学函数

数学函数便于操作与处理数字数据类型的数据,表 7-6 列举了常用的数学函数。

表 7-6 常用的数学函数

数 学 函 数	功　　能
ABS()	返回绝对值
GREATEST()	返回最大值
LEAST()	返回最小值
CEILING()	返回大于或等于指定数值表达式的最小整数
FLOOR()	返回小于或等于指定数值表达式的最大整数
ROUND()	返回给定数的四舍五入的整数值
TRUNCATE()	用于把一个数字截取为一个指定小数个数的数字,逗号后面的数字表示指定小数的位数
SIGN()	返回数值的符号,结果是正号(+1)、零(0)或负号(-1)
SORT()	返回一个数的平方根

2. 字符串函数

为了方便字符串类型数据的操作和处理,实现字符串的查找、转换等操作,MySQL 提供了功能较全的字符串函数。

表 7-7 列举了常用的字符串函数。

表 7-7 常用的字符串函数

字符串函数	功　　能
ASCII(字符表达式)	返回字符表达式中最左侧的字符的 ASCII 代码值
CHAR()	将()里的 ASCII 代码转换为字符并将结果组合成一个字符串
LEFT(str,x)	返回字符串 str 中从左边开始指定 x 个的字符
TRIM()	删除字符串首部和尾部的所有空格
LTRIM()	删除首部空格之后的字符表达式
RTRIM()	删除尾部空格之后的字符表达式
REPLACE(str1,str2,str3)	用 str3 替换 str1 中所有出现的字符串 str2
RIGHT(str,x)	返回字符串 str 中从右边开始指定 x 个的字符
SUBSTRING(s,n,len)	返回从字符串 s 中的第 n 个位置开始长度为 len 的子字符串

3. 日期和时间函数

日期和时间函数用于处理日期和时间,表 7-8 列举了常用的日期时间函数。

表 7-8 常用的日期时间函数

日期时间函数	功能
NOW()	以'yyyy-mm-dd hh:mm:ss'的格式返回当前的日期和时间
CURTIME()	返回当前的时间
CURDATE()	返回当前的日期
YEAR(dstr)	分析日期值 dstr 并返回其中关于年的部分
MONTH()	以数值的格式返回参数中月的部分
MONTHDATE()	以字符串的格式返回参数中月的部分
DATENAME()	以字符串形式返回星期名

4. 加密函数

MySQL 设计了一些函数来对数据进行加密,表 7-9 列举了加密函数。

表 7-9 加密函数

加密函数	功能
PASSWORD(str)	返回字符串 str 加密后的密码字符串,该加密过程不可逆
MD5(str)	计算字符串 str 的 MD5 校验和
ENCODE(str,key)	对字符串 str 进行加密,返回的结果是一个二进制字符串
DECODE(str,key)	使用正确的密钥对加密后的结果进行解密

5. 流程控制函数

流程控制函数可以进行条件操作,表 7-10 列举了流程控制函数。

表 7-10 流程控制函数

流程控制函数	功能
IF	判断,流程控制
IFNULL	判断是否为空
NULLIF	判断是否相等,如果两个表达式相等,则返回 NULL
CASE WHEN	搜索语句

6. 数据类型转换函数

数据类型相同时才可以进行运算。MySQL 提供了 CONVERT()和 CAST()函数来实现数据类型的转换,两个函数都是将一种数据类型的表达式转换为另一种数据类型的表达式,表 7-11 列举了数据类型转换函数。

表 7-11 数据类型转换函数

数据类型转换函数	功能
CONVERT()	有两个参数,第一个为转换内容,第二个为转换类型
CAST()	只有一个参数,参数格式:转换内容 AS 转换类型

7.2 流程控制语句

流程控制语句是用来控制程序执行和流程分支的语句。

7.2.1 判断语句

判断语句用于对特定条件进行判断,并根据判断结果执行指定的 SQL 语句。在

视频讲解

MySQL 中常用的判断语句有 IF 语句和 CASE 语句。

1. IF 语句

IF 语句用来进行条件判断,可根据不同条件执行不同的操作。

2. CASE 语句

CASE 语句用于计算条件列表并返回多个可能的结果表达式中的一个。

7.2.2 循环语句

循环语句能够在满足循环条件的情况下重复执行一组特定语句。在 MySQL 中,循环语句包括 LOOP 语句、REPEAT 语句和 WHILE 语句。

1. LOOP 语句

LOOP 语句可以实现简单的循环,使系统能够重复执行循环结构内的语句列表。

2. REPEAT 语句

REPEAT 语句可以实现一个带条件判断的循环结构。

3. WHILE 语句

WHILE 语句同样可以实现一个带有条件判断的循环结构,与 REPEAT 语句不同的是,WHILE 语句会先对条件进行判断,如果为真,才会执行需要循环的操作,否则终止循环。

7.2.3 跳转语句

1. LEAVE 语句

LEAVE 语句可以用在循环语句内,或者以 BEGIN 和 END 包裹起来的程序体中,表示跳出循环,继续执行循环后面的语句。

2. ITERATE 语句

ITERATE 语句只能用在循环语句(LOOP、WHILE 和 REPEAT)内,用于结束本次循环,开始执行下一次循环。

任务实施

在完成本项目任务前,请将样本数据库 studb 附加至 MySQL 8.0 中。

7.3 MySQL 语言的基础操作

7.3.1 使用变量

1. 用户变量

定义和初始化一个变量可以使用 SET 语句,语法格式如下:

```
SET @用户变量1 = 表达式1[,@用户变量2 = 表达式2,…]
```

语法说明如下。

(1) 用户变量1、用户变量2为用户变量名,变量名可以由当前字符集的文字数字字符、

".""_"和"＄"组成。当变量名中需要包含一些特殊符号(如空格、♯等)时,可以使用一对双引号或单引号将整个变量括起来。

(2) 表达式1、表达式2为要给变量赋的值,可以是常量、变量或表达式。

(3) @符号必须放在一个用户变量的前面,以便将它和列名区分开。

【例7-1】 创建用户变量name并赋值为"王梦"。

打开MySQL 8.0 Command Line Client,输入以下语句:

```
SET @name = '王梦';
```

【例7-2】 创建用户变量user1并赋值为1,user2赋值为bb,user3赋值为cc。

打开MySQL 8.0 Command Line Client,输入以下语句:

```
SET @user1 = 1,@user2 = 'bb',@user3 = 'cc';
```

【例7-3】 创建用户变量user4,其值为user1的值加2。

打开MySQL 8.0 Command Line Client,输入以下语句:

```
SET @user4 = @user1 + 2;
```

【例7-4】 创建并查询用户变量name的值。

打开MySQL 8.0 Command Line Client,输入以下语句:

```
SET @name = '王梦';
SELECT @name;
```

执行结果如图7-1所示。

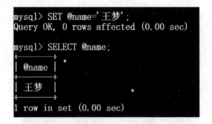

图7-1 使用并查询用户变量

【例7-5】 查询student表中学号为22001的学生姓名,并存储在变量s_name中。

打开MySQL 8.0 Command Line Client,输入以下语句:

```
SET @s_name =
    (SELECT sname FROM student WHERE sno = '22001');
```

【例7-6】 查询student表中学生姓名等于例7-5中s_name值的学生信息。

打开MySQL 8.0 Command Line Client,输入以下语句:

```
SELECT *
    FROM student
    WHERE sname = @s_name;
```

执行结果如图 7-2 所示。

```
mysql> SELECT *
    -> FROM student
    -> WHERE sname=@s_name;
+-------+-------+-----+--------+------------+----------+----------+
| sno   | sname | sex | native | birthday   | spname   | tel      |
+-------+-------+-----+--------+------------+----------+----------+
| 22001 | 张丰  | 男  | 南京   | 2002-02-01 | 软件技术 | 75762348 |
+-------+-------+-----+--------+------------+----------+----------+
1 row in set (0.01 sec)
```

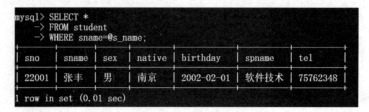

图 7-2　使用变量

2. 系统变量

【例 7-7】 查看当前 MySQL 的版本信息。

打开 MySQL 8.0 Command Line Client,输入以下语句:

```
SELECT @@VERSION;
```

【例 7-8】 查看系统的当前时间。

打开 MySQL 8.0 Command Line Client,输入以下语句:

```
SELECT CURRENT_TIME;
```

7.3.2 使用运算符与表达式

1. 算术运算符

【例 7-9】 使用算术运算符。

打开 MySQL 8.0 Command Line Client,输入以下语句:

```
SELECT 16 + 2,16 - 2;
SELECT 18 * 2,13/2;
SELECT 13 % 3;
```

执行结果如图 7-3 所示。

```
mysql> SELECT 16+2,16-2;
+------+------+
| 16+2 | 16-2 |
+------+------+
|   18 |   14 |
+------+------+
1 row in set (0.01 sec)

mysql> SELECT 18*2,13/2;
+------+--------+
| 18*2 | 13/2   |
+------+--------+
|   36 | 6.5000 |
+------+--------+
1 row in set (0.00 sec)

mysql> SELECT 13%3;
+------+
| 13%3 |
+------+
|    1 |
+------+
1 row in set (0.00 sec)
```

图 7-3　使用算术运算符

2. 比较运算符

【例 7-10】 使用比较运算符。

打开 MySQL 8.0 Command Line Client，输入以下语句：

```
SELECT 1.1=1.11,9=0,9>10,3<>3,3<>5;
```

执行结果如图 7-4 所示。

当比较的结果为真时，结果返回 1；当结果为假时，结果返回 0。

3. 位运算符

【例 7-11】 使用位运算符。

打开 MySQL 8.0 Command Line Client，输入以下语句：

```
SELECT 20&16,20|16,20^16;
```

执行结果如图 7-5 所示。

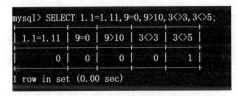 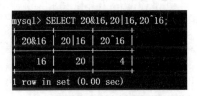

图 7-4 使用比较运算符　　　　图 7-5 使用位运算符

4. 逻辑运算符

【例 7-12】 使用逻辑运算符。

打开 MySQL 8.0 Command Line Client，输入以下语句：

```
SELECT NOT 1,(1=1) AND (4>5),(2=2) OR (4>5),(1<3) XOR (4<5);
```

执行结果如图 7-6 所示。

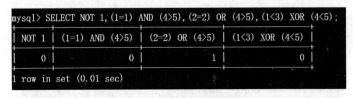

图 7-6 使用逻辑运算符

5. 运算符优先级

【例 7-13】 计算下列表达式的值：5*(1+(7-3))。

应先计算(7-3)的值，结果为 4，接着计算(1+4)的值，结果为 5，再计算 5*5 的值，结果为 25。

打开 MySQL 8.0 Command Line Client，输入以下语句：

```
SELECT 5*(1+(7-3));
```

执行结果如图 7-7 所示。

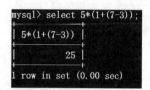

图 7-7　根据运算符优先级进行计算

7.3.3　使用系统内置函数

【例 7-14】 使用字符串函数。将小写的字符串 'abcdef' 转换成大写表示。

打开 MySQL 8.0 Command Line Client，输入以下语句：

```
SELECT UPPER('abcdef');
```

执行结果如图 7-8 所示。

【例 7-15】 使用字符串函数。使用 REPLACE() 函数替换字符串。

打开 MySQL 8.0 Command Line Client，输入以下语句：

```
SELECT REPLACE('数据库原理','原理','概论');
```

执行结果如图 7-9 所示。

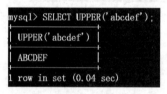

图 7-8　使用字符串函数 1

图 7-9　使用字符串函数 2

【例 7-16】 使用日期时间函数。获取当前系统的日期时间、年份、月份、日。

打开 MySQL 8.0 Command Line Client，输入以下语句：

```
SELECT NOW(),YEAR(NOW()),MONTH(NOW()),DAY(NOW());
```

执行结果如图 7-10 所示。

图 7-10　使用日期时间函数

【例 7-17】 使用数学函数。

打开 MySQL 8.0 Command Line Client，输入以下语句：

```
SELECT ABS(-3);
SELECT PI(),ROUND(-3.23456,2);
SELECT FLOOR(16.1),FLOOR(-16.1);
SELECT CEILING(16.1),CEILING(-16.1);
```

执行结果如图 7-11 所示。

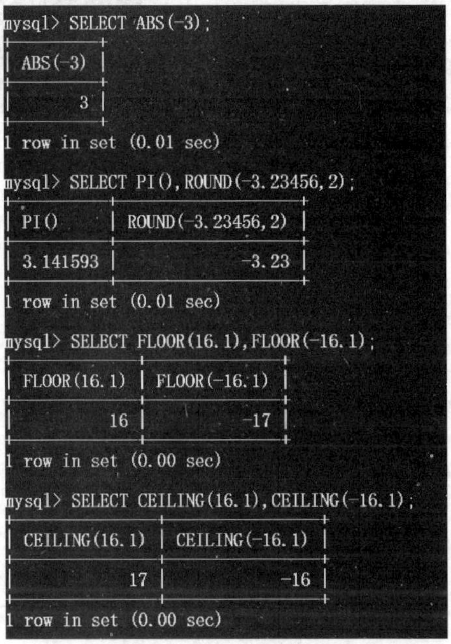

```
mysql> SELECT ABS(-3);
+---------+
| ABS(-3) |
+---------+
|       3 |
+---------+
1 row in set (0.01 sec)

mysql> SELECT PI(),ROUND(-3.23456,2);
+----------+-------------------+
| PI()     | ROUND(-3.23456,2) |
+----------+-------------------+
| 3.141593 |             -3.23 |
+----------+-------------------+
1 row in set (0.01 sec)

mysql> SELECT FLOOR(16.1),FLOOR(-16.1);
+-------------+--------------+
| FLOOR(16.1) | FLOOR(-16.1) |
+-------------+--------------+
|          16 |          -17 |
+-------------+--------------+
1 row in set (0.00 sec)

mysql> SELECT CEILING(16.1),CEILING(-16.1);
+---------------+----------------+
| CEILING(16.1) | CEILING(-16.1) |
+---------------+----------------+
|            17 |            -16 |
+---------------+----------------+
1 row in set (0.00 sec)
```

图 7-11　使用数学函数

【例 7-18】　使用 CAST() 函数将数字 123 转换为字符串。

打开 MySQL 8.0 Command Line Client，输入以下语句：

```sql
SELECT CAST(123 AS char);
```

执行结果如图 7-12 所示。

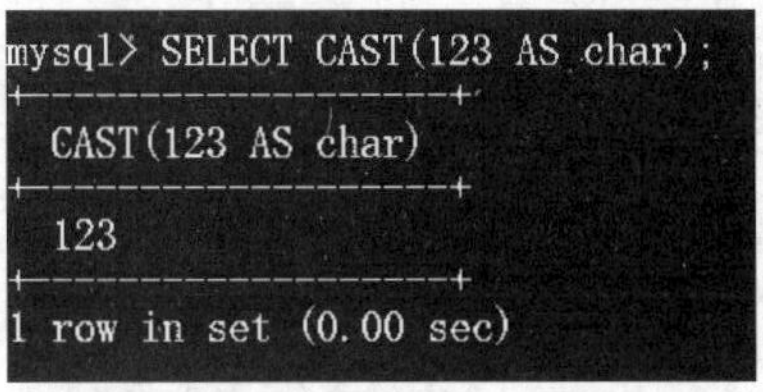

```
mysql> SELECT CAST(123 AS char);
+-------------------+
| CAST(123 AS char) |
+-------------------+
| 123               |
+-------------------+
1 row in set (0.00 sec)
```

图 7-12　使用 CAST() 函数

【例 7-19】　使用 CONVERT() 函数将字符串 '2022-06-15' 转换为日期。

打开 MySQL 8.0 Command Line Client，输入以下语句：

```sql
SELECT CONVERT('2022-06-15',DATETIME);
```

执行结果如图 7-13 所示。

【例 7-20】　使用加密函数 MD5()。

打开 MySQL 8.0 Command Line Client，输入以下语句：

```sql
SELECT MD5('654321');
```

执行结果如图 7-14 所示。

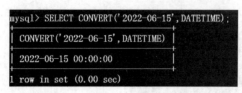
图 7-13 使用 CONVERT() 函数

图 7-14 使用加密函数

【例 7-21】 使用控制流函数 IF()。

打开 MySQL 8.0 Command Line Client，输入以下语句：

```
SELECT IF(2*5>9-8,'是','否');
```

执行结果如图 7-15 所示。

图 7-15 使用控制流函数

7.4 使用流程控制语句

7.4.1 判断语句

1. IF 语句

语法格式如下：

```
IF(条件表达式,结果1,结果2);
```

视频讲解

【例 7-22】 查询 studb 数据库中 student 表的前 3 条记录，输出 sname 和 spname 字段的值，当 spname 字段的值为 NULL 时，输出字符串 '无'，否则显示当前字段的值。

打开 MySQL 8.0 Command Line Client，输入以下语句：

```
SELECT sname,IF(spname is NULL,'无',spname) AS spname
FROM student
LIMIT 3;
```

执行结果如图 7-16 所示。

图 7-16 IF 语句

2. CASE 语句

简单 CASE 结构的语法格式如下:

```
CASE 表达式
WHEN 数值1 THEN 语句1;
[ ELSE 语句2;]
END CASE;
```

语法说明如下。

(1) 表达式:所计算的表达式,可以是任意有效的表达式。

(2) 数值1:要与表达式进行比较,当找到完全相同的项时,执行对应的语句1;否则执行 ELSE 后的语句2。

CASE 搜索结构的语法格式如下:

```
CASE
WHEN 条件表达式1 THEN
    语句1;
[ELSE 语句2;]
END CASE;
```

语法说明如下。

该结构判断 WHEN 子句后的"条件表达式1"的值是否为 TRUE,若为 TRUE,则执行对应的"语句1",若所有的"条件表达式1"的值均为 FALSE,则执行 ELSE 后的"语句2"。

【例 7-23】 查询 studb 数据库中的 student 表,输出前 3 个用户的 sno、sname 和 sexv,其中 sexv 的取值若 sex 为"男"则为 0,否则为 1。

打开 MySQL 8.0 Command Line Client,输入以下语句:

```
SELECT sno,sname,sex,
    CASE sex
    WHEN '男' THEN 0
    ELSE 1
    END AS sexv
    FROM student
    LIMIT 3;
```

执行结果如图 7-17 所示。

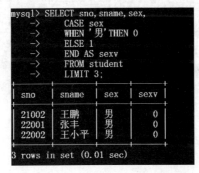

图 7-17 CASE 语句的应用 1

【例 7-24】 查询 studb 数据库中的 grade 表,其中 score 的值若大于或等于 90,则为"优秀";若大于或等于 80 且小于或等于 89,则为"良好";若大于或等于 60 且小于或等于 79,则为"合格";其他为"不及格"。

打开 MySQL 8.0 Command Line Client,输入以下语句:

```
SELECT sno,cno,score,
    CASE
        WHEN score>=90 THEN '优秀'
        WHEN score<=89 AND score>=80 THEN '良好'
        WHEN score<=79 AND score>=60 THEN '合格'
        ELSE '不及格'
    END AS score
FROM grade;
```

执行结果如图 7-18 所示。

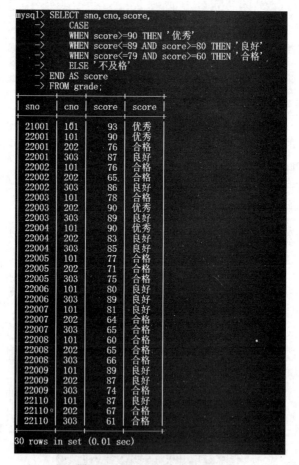

图 7-18 CASE 语句的应用 2

7.4.2 循环语句

1. LOOP 语句

语法格式如下:

```
[开始标号:]LOOP
    语句块
END LOOP[结束标号];
```

语法说明如下。

开始标号和结束标号分别表示循环开始和结束的标识,这两个标识必须相同,也可以省略;语句块表示需要循环执行的语句。

【例 7-25】 使用 LOOP 语句。

```
sum: LOOP
    SET @count = @count + 5;
END LOOP sum;
```

本例题循环体执行变量@count 加 5 的操作,由于循环里没有跳出循环的语句,所以这是死循环。

2. REPEAT 语句

语法格式如下:

```
[开始标号:]REPEAT
    语句块;
    UNTIL 条件表达式
END REPEAT [结束标号];
```

语法说明如下。

UNTIL 表示满足条件表达式时结束循环。

3. WHILE 语句

语法格式如下:

```
[开始标号:]WHILE 条件表达式 DO
    语句块;
END WHILE[结束标号];
```

语法说明如下。

WHILE 语句内的语句块被重复执行,直到条件表达式的值为 FALSE。

说明:REPEAT 语句和 WHILE 语句的使用不再用例题描述,有兴趣的读者可以按照语法格式自行练习。

7.4.3 跳转语句

语法格式如下:

```
LEAVE|ITERATE 语句标号;
```

语法说明如下。

语句标号是语句中标注的名字,也就是要跳转出的结构的名称。

关于跳转语句的实例可以参考项目 9 中的实例,这里不再赘述。

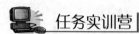 任务实训营

1．任务实训目的

（1）掌握流程控制语句的用法。

（2）掌握常用函数的用法。

2．任务实训内容

（1）使用常用函数计算 19 除以 3 的商和余数。

（2）使用常用函数从字符串"happy birthday"中获取子字符串"happy"。

（3）使用常用函数计算当前时间的年份。

（4）使用常用函数对字符串"MySQL"加密。

（5）使用 CASE 语句编程查看某个分数对应的成绩等级，已知成绩等级按分数段分为优秀、良好、中等、及格和不及格。

 项目小结

本项目主要介绍 MySQL 语言基础、常用函数和流程控制语句。

项目 8
学生管理数据库的视图与索引

任务描述

（1）现在已经掌握数据库的基本操作，那么如何快速、准确地查询所需数据，从而提高数据存取性能和执行速度？

（2）视图和索引的优点是什么？可以执行哪些操作？

学习目标

（1）掌握：视图和索引的概念，操作视图和索引。

（2）了解：视图和索引的优缺点。

知识准备

8.1 视图

视频讲解

在对数据库进行操作时，提高数据存取的性能和操作速度，使用户能够快速、准确地查询所需的数据，是最值得关注的问题。视图可以提高数据查询的效率。

8.1.1 视图的概念

视图是从一个或者几个表或者视图中导出的虚拟表，是从现有表中提取若干子集组成的用户的"专用表"，并不表示任何物理数据，对其中所引用的基础表来说，视图的作用类似于筛选。数据库中只存储视图的定义，不存储视图对应的数据，数据仍然存放在原来的表中，用户使用视图时才去查询对应的数据，从视图中查询出来的数据也随表中数据的变化而改变。

8.1.2 视图的优缺点

视图有其优缺点，具体体现在以下方面。

1. 视图的优点

1）数据集中显示

视图着重于用户感兴趣的某些特定数据及所负责的特定任务，这样通过只允许用户看到视图中所定义的数据而不是视图引用表中的数据，从而提高了数据的操作效率。

2) 简化数据的操作

在定义视图时,若视图本身是一个复杂查询的结果集,这样在每次执行相同的查询时,不必重新写这些复杂的查询语句,而可以直接在视图中查询,从而可以大大简化用户对数据的操作。

3) 用户定制数据

视图可以使不同的用户以不同的方式看到不同或者相同的数据集。

4) 导出和导入数据

用户可以使用视图将数据导出至其他应用程序。

5) 合并分割数据

在某些情况下,由于表中的数据量过大,在表的设计时常将表进行水平分割或垂直分割,那么表结构的变化会对应用程序产生不良的影响。使用视图可以重新保持表原有的结构关系,从而使外模式保持不变,原有的应用程序仍可以通过视图来重载数据。

6) 安全机制

通过视图,用户只能查看和修改与自己有关的数据,其他数据库或表既不可见也不可以访问。数据库授权命令可以使每个用户对数据库的检索限制到特定的数据库对象上,但不能授权到数据库特定行和特定列上。

7) 逻辑数据独立性

视图可帮助用户屏蔽真实表结构变化带来的影响,可以使应用程序与数据库或表在一定程度上相互独立。

2. 视图的缺点

视图可以和表一样被查询和更新数据,但在某些情形下,对视图进行操作时,会受到一定的限制。这些视图具有以下特征:由两个以上的表导出的视图;视图的字段来自字段表达式函数;视图定义中有嵌套查询;在一个不允许更新的视图上定义的视图。

视频讲解

8.2 索引

在相应表中创建索引,可以提高数据库的数据查询性能。

8.2.1 索引的概念

索引,类似于书的目录,可以通过目录快速找到对应的内容。索引是一个单独的、物理的数据库结构,它是某个表中一列或若干列的集合和相应的指向表中物理标识这些值的数据页的逻辑指针清单。索引是依赖于表建立的,它提供了在数据库中编排表中数据的内部方法。数据查询是用户操作数据库的核心任务,在执行查询操作时,需要对整个表进行数据搜索。随着表中数据的增多,搜索就需要很长时间,为提高数据查询效率,数据库引入了索引机制。

8.2.2 索引的优缺点

索引有其优缺点,具体如下。

1. 索引的优点

建立索引有如下优点。

1) 数据记录的唯一性

通过创建唯一索引,可以保证数据记录的唯一性。

2) 提高数据检索速度

在进行数据查询时,数据库会首先搜索索引列,找到要查询的值,然后按照索引中的位置确定表中的行,提高了数据的检索速度。

3) 加快表之间的连接

如果每个表中都有索引列,数据库可以直接搜索各个表的索引列,从而找到所需的数据。

4) 减少查询中分组和排序的时间

给表中的列创建索引,在使用 ORDER BY 和 GROUP BY 子句对数据进行检索时,执行速度将提高。

5) 提高系统性能

在检索过程中使用优化隐藏器,可提高系统性能。

2. 索引的缺点

建立索引也有其缺点,具体如下。

(1) 创建索引和维护索引要耗费时间,并且随着数据量的增加所耗费的时间也会增加。

(2) 索引需要占用磁盘空间,除了数据表占用数据空间之外,每一个索引还要占用一定的物理空间,如果有大量的索引,索引文件可能比数据文件更快达到最大文件尺寸。

(3) 当对表中的数据进行增加、删除和修改时,索引也要动态维护,这样会降低数据的维护速度。

8.2.3 索引的类型

MySQL 索引的类型主要分为以下几种。

(1) 普通索引:最基本的索引类型,允许在定义索引的字段中插入重复值和空值。

(2) 唯一索引:确保索引键不包含重复的值,因此,表或视图中的每一行在某种程度上是唯一的。

(3) 主键索引:一种特殊的唯一索引,其取值唯一且不允许有空值。它一般在创建表时创建,也可以在修改表时添加主键索引,但是一张表只能有一个主键索引。

(4) 全文索引:MySQL 支持全文检索和全文索引。全文索引只能在 CHAR、VARCHAR 或 TEXT 类型的列上创建,并且只能在 MyISAM 引擎上使用。

(5) 空间索引:在空间数据类型字段上建立的索引。MySQL 中的空间数据类型有 GEOMETRY、POINT、LINESTRING 和 POLYGON 四种类型。空间索引在 MyISAM 引擎上使用,且创建空间索引的列,必须将其声明为 NOT NULL。

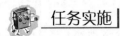
任务实施

在完成本项目任务前,请将样本数据库 studb 附加至 MySQL 8.0 中。

8.3 使用图形化管理工具操作视图

可以使用 Navicat 图形化管理工具创建和管理视图。视图的操作主要包括创建、查看、修改、删除等。

视频讲解

8.3.1 创建视图

【例 8-1】 使用 Navicat 图形化管理工具创建一个基于 studb 数据库的名为 view_student 的视图,该视图能够查询学生的学号、姓名和性别。

操作步骤如下。

(1) 启动 Navicat 图形化管理工具,打开 mytest 服务器,双击 studb 数据库,使其处于打开状态,选中"视图"节点,打开"视图"的"对象"标签页,如图 8-1 所示。

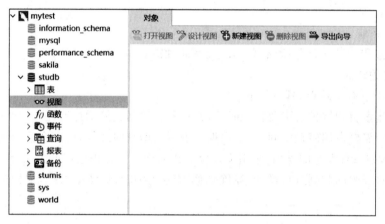

图 8-1 "视图"的"对象"标签页

(2) 单击"新建视图"按钮,打开"视图创建工具"窗口,双击视图创建工具标签中的 student 表,将 student 表添加到视图设计器中,如图 8-2 所示。

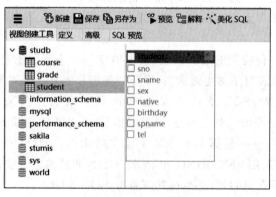

图 8-2 将 student 表添加到视图设计器中

(3) 在视图设计器中选择 student 表中的 sno、sname、sex 列,如图 8-3 所示。

(4) 单击"保存"按钮,输入视图名称 view_student,完成视图的创建。

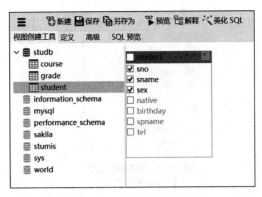

图 8-3　选择 student 表中的 sno、sname、sex 列

8.3.2　查看视图

【例 8-2】　使用 Navicat 图形化管理工具查看 view_student 视图的信息。

操作步骤如下。

（1）启动 Navicat 图形化管理工具，打开 mytest 服务器，双击 studb 数据库，使其处于打开状态，打开"视图"节点。

（2）双击 view_student 视图，即查看 view_student 视图信息，如图 8-4 所示。

图 8-4　查看视图信息

8.3.3　重命名视图

在实际使用中，可以对创建好的视图重命名。

【例 8-3】　使用 Navicat 图形化管理工具将 view_student 视图重命名为 view_studentnew。

操作步骤如下。

（1）启动 Navicat 图形化管理工具，打开 mytest 服务器，双击 studb 数据库，使其处于打开状态，打开"视图"节点。

（2）右击 view_student，在弹出的快捷菜单中选择"重命名"命令，如图 8-5 所示。

（3）输入新名字 view_studentnew 即可。

图 8-5　选择"重命名"命令

8.3.4　删除视图

【例 8-4】　使用 Navicat 图形化管理工具删除 view_studentnew 视图。

操作步骤如下。

（1）启动 Navicat 图形化管理工具，打开 mytest 服务器，双击 studb 数据库，使其处于打开状态，打开"视图"节点。

（2）右击 view_studentnew，在弹出的快捷菜单中选择"删除视图"命令，如图 8-6 所示。

图 8-6　选择"删除视图"命令

（3）打开"确认删除"对话框，单击"删除"按钮即可。

8.4　使用语句操作视图

使用 SQL 语句也可以操作视图。

8.4.1　创建视图

语法格式如下：

```
CREATE VIEW <视图名> [列名]
AS < SELECT 语句>
[WITH CHECK OPTION];
```

语法说明如下。

(1) <视图名>：指定创建的视图名称。视图命名要遵守标识符的命名规则，且视图名称在数据库中必须是唯一的，不能与其他表或视图同名。

(2) < SELECT 语句>：指定创建视图的 SELECT 语句，可用于查询一个或多个基础表或源视图。

(3) [WITH CHECK OPTION]：可选项，属于强制约束，指出在可更新视图上所进行的修改都要符合 SELECT 语句所指定的限制条件，这样可以确保数据修改后仍可通过视图看到修改的数据，保证数据的安全性。

【例 8-5】 使用 SQL 语句创建一个基于 studb 数据库的名为 V_grade 的视图来查询"张丰"同学的所有成绩。

打开 MySQL 8.0 Command Line Client，输入以下语句：

```
CREATE VIEW V_grade
AS
    SELECT student.sno,student.sname,grade.score
    FROM student INNER JOIN grade
    ON student.sno = grade.sno
    WHERE student.sname = '张丰';
```

执行后，打开 Navicat 图形化管理工具，见左边窗格，视图 V_grade 创建成功，如图 8-7 所示。

创建视图后，可以使用 SELECT 语句进行查询，语句与执行结果如图 8-8 所示。

图 8-7 成功创建 V_grade 视图

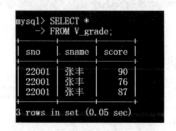

图 8-8 视图查询结果

8.4.2 查看视图

视图定义后，可以像数据表一样，使用 DESCRIBE 命令查看视图，语法格式如下：

```
DESCRIBLE/DESC 视图名;
```

【例8-6】 通过 DESCRIBE 语句查看视图 V_grade 的定义信息。

打开 MySQL 8.0 Command Line Client，输入以下语句：

```
DESCRIBE V_grade;
```

执行结果如图 8-9 所示。

图 8-9　查看视图定义信息

使用 SHOW CREATE VIEW 语句可以查看视图的创建信息，语法格式如下：

```
SHOW CREATE VIEW 视图名;
```

【例8-7】 通过 SHOW CREATE VIEW 语句查看视图 V_grade 的创建信息。

打开 MySQL 8.0 Command Line Client，输入以下语句：

```
SHOW CREATE VIEW V_grade;
```

执行结果如图 8-10 所示。

图 8-10　查看视图创建信息

8.4.3　修改视图

修改视图也可以使用 SQL 语句来完成，语法格式如下：

```
ALTER VIEW <视图名> AS <SELECT 语句>;
```

语法说明如下。

(1) 视图名：指定要修改的视图名称。

(2) SELECT 语句：指定修改的新视图的 SELECT 语句，可用于查询多个基础表或源视图。

【例 8-8】 使用 SQL 语句将例 8-5 中创建的 V_grade 视图修改为包含"马强"同学的学号、姓名、籍贯和成绩。

打开 MySQL 8.0 Command Line Client,输入以下语句:

```
ALTER VIEW V_grade
AS
    SELECT student.sno,student.sname,student.native,grade.score
    FROM student INNER JOIN grade
    ON student.sno = grade.sno
    WHERE student.sname = '马强';
```

执行后,打开 Navicat 图形化管理工具,见右边窗格,视图 V_grade 修改成功,如图 8-11 所示。

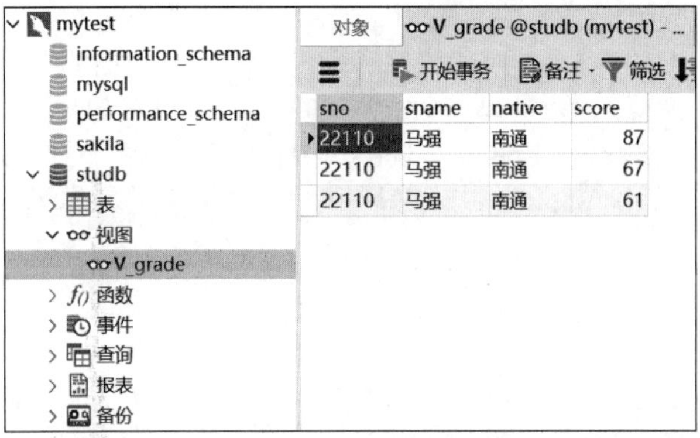

图 8-11 成功修改 V_grade 视图

8.4.4 通过视图管理数据

通过视图可以向表中插入、修改和删除数据。

1. 插入数据

使用 INSERT 语句通过视图向表中插入数据。

【例 8-9】 使用 SQL 语句创建一个基于 studb 数据库中 student 表的 V_student 视图,再向该视图中插入一行数据。

打开 MySQL 8.0 Command Line Client,输入以下语句:

```
CREATE VIEW V_student
AS
    SELECT sno,sname,sex
    FROM student;
```

再向 V_student 视图中插入一行数据,输入如下 T-SQL 语句并执行:

```
INSERT INTO V_student VALUES('22112','潘晓江','男');
```

执行后,查询 V_student 视图中的数据,结果如图 8-12 所示。

图 8-12 查询插入数据后的视图

2. 更新数据

语法格式如下：

```
UPDATE 视图名
SET 字段名1=值1,字段名2=值2,…,字段名n=值n
WHERE 条件表达式；
```

【例 8-10】 使用 SQL 语句将例 8-9 中的 V_student 视图中学号为 22112 的学生的性别改为"女"。

打开 MySQL 8.0 Command Line Client，输入以下语句：

```
UPDATE V_student
    SET sex = '女'
    WHERE sno = '22112';
```

执行后，查询 V_student 视图中的数据，结果如图 8-13 所示。

图 8-13 查询更新数据后的视图

3. 删除数据

通过使用 DELETE 语句删除视图中的数据，表中的数据同时也被删除。

【例 8-11】 使用 SQL 语句删除 V_student 视图中学号为 22112 的学生信息。

打开 MySQL 8.0 Command Line Client，输入以下语句：

```
DELETE FROM V_student
WHERE sno = '22112';
```

执行后,查询 V_student 视图中的数据,结果如图 8-14 所示。

```
mysql> SELECT *
    -> FROM V_student;
+-------+--------+-----+
| sno   | sname  | sex |
+-------+--------+-----+
| 21002 | 王鹏   | 男  |
| 22001 | 张丰   | 男  |
| 22002 | 王小平 | 男  |
| 22003 | 程东   | 男  |
| 22004 | 李明想 | 男  |
| 22005 | 林如   | 女  |
| 22006 | 赵小平 | 女  |
| 22007 | 严峰   | 男  |
| 22008 | 孙岩   | 男  |
| 22009 | 罗丹   | 女  |
| 22110 | 马强   | 男  |
| 22111 | 柳烽   | 男  |
+-------+--------+-----+
12 rows in set (0.00 sec)
```

图 8-14 查询删除数据后的视图

8.4.5 删除视图

语法格式如下:

```
DROP VIEW [IF EXISTS] 视图名;
```

IF EXISTS 为可选项,避免删除不存在的视图时发生异常错误。

【例 8-12】 使用 SQL 语句删除 V_student 视图。

打开 MySQL 8.0 Command Line Client,输入以下语句:

```
DROP VIEW V_student;
```

执行后,查看视图定义信息,输入以下语句:

```
SHOW CREATE VIEW V_student;
```

执行结果如图 8-15 所示,表明 V_student 视图已不存在,删除成功。

```
mysql> SHOW CREATE VIEW V_student;
ERROR 1146 (42S02): Table 'studb.v_student' doesn't exist
```

图 8-15 查看视图定义信息

8.5 使用图形化管理工具操作索引

8.5.1 创建索引

【例 8-13】 使用 Navicat 图形化管理工具给 studb 数据库中的 student 表创建基于 sno 列、名为 snoindex 的唯一索引。

操作步骤如下。

(1) 启动 Navicat 图形化管理工具，双击已连接的服务器节点 mytest 下方的 studb 数据库，打开 studb 下的表。

(2) 选中 student 表，单击"设计表"，再单击"索引"标签，创建索引，如图 8-16 所示。

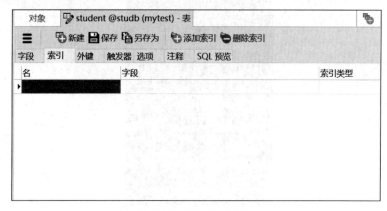

图 8-16　创建索引界面

(3) 输入索引名称 snoindex，在字段选择对话框中选择 sno，如图 8-17 所示。

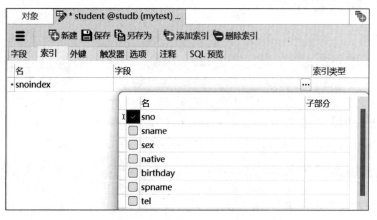

图 8-17　设置索引

(4) 在索引类型下拉列表中选择 unique，在索引方法下拉列表中选择 HASH，单击"保存"按钮即完成索引的创建。

8.5.2　删除索引

【例 8-14】　使用 Navicat 图形化管理工具删除例 8-13 创建的索引。

操作步骤如下。

(1) 启动 Navicat 图形化管理工具，双击已连接的服务器节点 mytest 下方的 studb 数据库，打开 studb 下的表。

(2) 选中 student 表，单击"设计表"，再单击"索引"标签，然后单击"删除索引"按钮，确认删除即可。

8.6 使用语句操作索引

8.6.1 创建索引

1. 使用 CREATE INDEX 语句创建索引

使用 CREATE INDEX 语句在一个已有的表上创建索引,语法格式如下:

```
CREATE [UNQUE|FULLTEXT|SPATIAL] INDEX <索引名>
ON <表名>(字段名[(长度)][ASC|DESC]);
```

语法说明如下。

(1) [UNQUE|FULLTEXT|SPATIAL]:指创建的是唯一索引、全文索引、空间索引。

(2) <索引名>:索引名称。

(3) <表名>:要创建索引的表名。

(4) <字段名>:要创建索引的列名。

(5) [长度]:使用列的前多少个字符创建索引。

(6) [ASC|DESC]:ASC 表示索引按照升序来排序,DESC 表示索引按照降序来排序。默认为 ASC。

【例 8-15】 使用 SQL 语句为 studb 数据库中的 student 表的 spname 列创建索引 spnameindex。

打开 MySQL 8.0 Command Line Client,输入以下语句:

```
CREATE INDEX spnameindex
ON student(spname);
```

执行结果如图 8-18 所示。

```
mysql> CREATE INDEX spnameindex
    -> ON student(spname);
Query OK, 0 rows affected (0.07 sec)
Records: 0  Duplicates: 0  Warnings: 0
```

图 8-18 使用 CREATE INDEX 语句创建索引

2. 使用 CREATE TABLE 语句创建索引

使用 CREATE TABLE 语句可以在创建表的同时创建索引,语法格式如下:

```
CREATE TABLE 表名
(字段名1 字段类型 长度,
字段名2 字段类型 长度,
…
字段名n 字段类型 长度,
[UNQUE|FULLTEXT|SPATIAL] INDEX|KEY <索引名>
(字段名[(长度)][ASC|DESC])
);
```

语法说明如下。

(1) INDEX 和 KEY:表示索引关键字,选其一即可。

(2) 其他参数如同 CREATE INDEX 语句中的参数。

【例 8-16】 使用 SQL 语句在 studb 数据库中创建一个 stu_new 的表,结构与 student 表相同,为 stu_new 表的 spname 字段创建索引。

打开 MySQL 8.0 Command Line Client,输入以下语句:

```
CREATE TABLE stu_new
(
sno char(12) NOT NULL PRIMARY KEY,
sname char(10),
sex char(2),
native char(20),
birthday date,
spname char(30),
tel varchar(20),
INDEX(spname)
);
```

执行结果如图 8-19 所示。

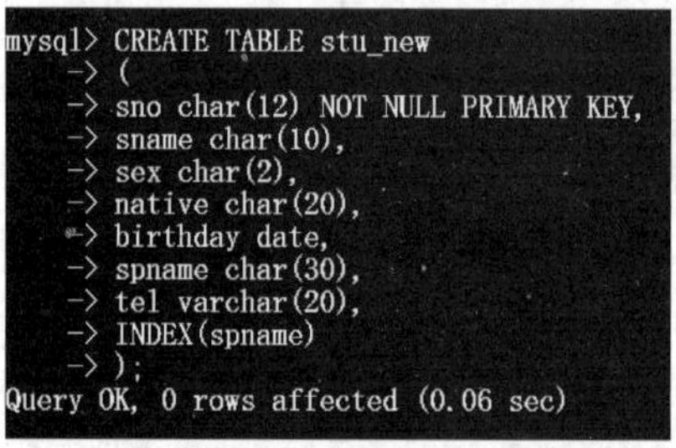

图 8-19 使用 CREATE TABLE 语句创建索引

3. 使用 ALTER TABLE 语句创建索引

使用 ALTER TABLE 语句修改表的同时,可以为已有的表创建索引。

语法格式如下:

```
ALTER TABLE 表名
ADD [UNQUE|FULLTEXT|SPATIAL] INDEX|KEY <索引名>
(字段名[(长度)][ASC|DESC]);
```

【例 8-17】 使用 SQL 语句为 studb 数据库中已存在的 course 表的 cname 列创建唯一索引 cnameindex。

打开 MySQL 8.0 Command Line Client,输入以下语句:

```
ALTER TABLE course
ADD UNIQUE INDEX cnameindex(cname);
```

执行结果如图 8-20 所示。

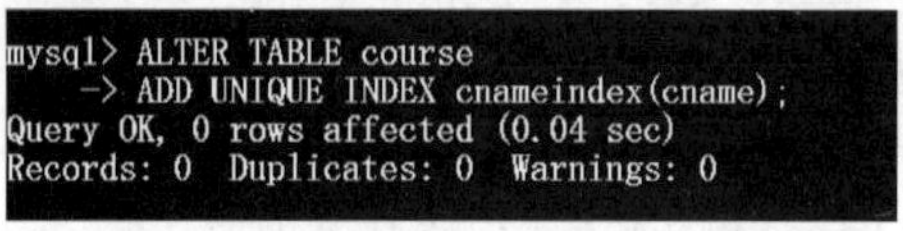

图 8-20 使用 ALTER TABLE 语句创建索引

8.6.2 查看索引

语法格式如下:

```
SHOW INDEX FROM <表名>[FROM <数据库名>];
```

【例 8-18】 显示 studb 数据库中 student 表的索引情况。

打开 MySQL 8.0 Command Line Client, 输入以下语句:

```
SHOW INDEX FROM student FROM studb;
```

执行结果如图 8-21 所示。

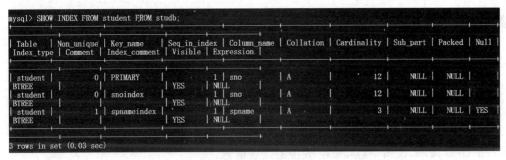

图 8-21 查看表中索引

8.6.3 删除索引

1. 使用 DROP INDEX 语句删除索引

语法格式如下:

```
DROP INDEX <索引名> ON <表名>;
```

【例 8-19】 使用 SQL 语句删除 studb 数据库中 student 表中的 spnameindex 索引。

打开 MySQL 8.0 Command Line Client, 输入以下语句:

```
DROP INDEX spnameindex ON student;
```

执行结果如图 8-22 所示。

图 8-22 使用 DROP INDEX 语句删除索引

2. 使用 ALTER TABLE 语句删除索引

使用 ALTER TABLE 语句修改表的同时可以删除索引, 语法格式如下:

```
ALTER TABLE 表名
DROP INDEX 索引名;
```

【例 8-20】 使用 SQL 语句删除 studb 数据库中 course 表中的 cnameindex 索引。

打开 MySQL 8.0 Command Line Client,输入语句:

```
ALTER TABLE course
DROP INDEX cnameindex;
```

执行结果如图 8-23 所示。

```
mysql> ALTER TABLE course
    -> DROP INDEX cnameindex;
Query OK, 0 rows affected (0.03 sec)
Records: 0  Duplicates: 0  Warnings: 0
```

图 8-23　使用 ALTER TABLE 语句删除索引

任务实训营

1. 任务实训目的

(1) 掌握使用 Navicat 图形化管理工具创建和管理视图、索引。

(2) 掌握使用 SQL 语句创建和管理视图、索引。

2. 任务实训内容

(1) 使用 Navicat 图形化管理工具在 studb 学生管理数据库中的 Stu 表中创建一个 studentview 视图,视图中包含 Stu 表中的所有信息。

(2) 使用 SQL 语句在 studb 学生管理数据库中的 Stu 表中创建一个 newstudentview 视图,视图中包含 StuID、StuName 信息。

(3) 在(2)中创建的 newstudentview 视图中用 SQL 语句插入、更新和删除一条数据,数据自定义。

(4) 使用 SQL 语句删除(1)中创建的 studentview 视图。

(5) 使用 Navicat 图形化管理工具删除(2)中创建的 newstudentview 视图。

(6) 使用 Navicat 图形化管理工具对 studb 学生管理数据库中 Stu 表的 StuID 列创建一个唯一索引 stuIDindex。

(7) 使用 SQL 语句对 studb 学生管理数据库中 Stu 表的 StuName 列创建索引 nameindex。

(8) 使用 SQL 语句查看(6)和(7)中创建的索引。

(9) 使用 Navicat 图形化管理工具删除(6)中创建的索引 stuIDindex。

(10) 使用 SQL 语句删除(7)中创建的索引 nameindex。

项目小结

本项目介绍视图和索引的概念、作用、类型和优缺点,以及视图和索引的创建、修改和删除等。

项目 9

学生管理数据库的存储过程与触发器

 任务描述

(1) 存储过程和触发器的作用是什么？在工作中能够带来怎样的便利？
(2) 可以对存储过程和触发器进行哪些操作？

 学习目标

(1) 掌握：操作存储过程和触发器。
(2) 理解：存储过程和触发器的作用。

 知识准备

9.1 存储过程概述

视频讲解

存储过程是数据库对象之一，是数据库的子程序，在客户端和服务器端可以直接调用它。存储过程使数据库的管理和应用更加方便和灵活。

9.1.1 存储过程的概念

存储过程是存放在数据库服务器中的一段程序，它能够向用户返回数据，向数据库表中插入和修改数据，还可以执行系统函数和管理操作。使用存储过程可以增强 SQL 语句的功能和灵活性，可以完成复杂的判断和运算，能够提高数据库的访问速度。

9.1.2 存储过程的优点

1. 封装性

存储过程可以把 SQL 语句包含到一个独立的单元中，使外界看不到复杂的 SQL 语句，只需要简单调用即可达到目的，数据库专业人员可以随时对存储过程进行修改，而不会影响到调用它的应用程序源代码。

2. 增强 SQL 语句的功能和灵活性

存储过程可以用流程控制语句编写，有很强的灵活性，可以完成复杂的判断和较复杂的运算。

3. 高性能

当存储过程被成功编译后，就存储在数据库服务器里了，以后客户端可以直接调用，这样所有的 SQL 语句将从服务器执行，从而提高性能。

4. 提高数据库的安全性和数据的完整性

使用存储过程可以完成所有数据库操作，并可以通过编程方式控制数据库信息访问的权限。

5. 使数据独立

存储过程把数据同用户隔离开来，优点是当数据表的结构改变时，调用表不用修改程序，只需要数据库管理者重新编写存储过程即可。

9.2 触发器概述

触发器是一种特殊的存储过程，是被指定关联到一个表的数据对象，在满足某种特定条件时，触发器被激活并自动执行，完成各种复杂的任务。触发器通常用于对表实现完整性约束。

9.2.1 触发器的概念

触发器是一类由事件驱动的特殊过程，是建立在触发事件上的，用户对该触发器指定的数据执行插入、删除或修改操作时，MySQL 会自动执行建立在这些操作上的触发器。它的主要优点体现在，触发器是自动的，当对表中的数据做了任何修改后立即被激活；触发器可以通过数据库中的相关表进行层叠更改；触发器可以强制限制，这些限制比用 FOREIGN KEY 约束、CHECK 约束所定义的更复杂。

9.2.2 触发器的类型

在实际使用中，MySQL 所支持的触发器有三种：INSERT 触发器、UPDATE 触发器和 DELETE 触发器。

INSERT 触发器：当在表中插入新行时，触发器就会激活。插入操作只有新行，所以只有 NEW 关键字可用，可以通过 NEW 访问插入的新行数据。

DELETE 触发器：当在表中删除一行时，触发器就会激活。删除操作只有旧行，所以只有 OLD 关键字可用，可以通过 OLD 访问删除的旧行数据。

UPDATE 触发器：当表中一行数据被修改时，触发器就会激活。NEW 关键字和 OLD 关键字都可用，可以通过 NEW 访问更新后的行数据，通过 OLD 访问更新前的行数据。

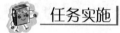

在完成本项目任务前，请将样本数据库 studb 添加至 MySQL 8.0 中。

9.3 存储过程的操作

9.3.1 创建存储过程

1. 使用 Navicat 图形化管理工具创建存储过程

【例 9-1】 使用 Navicat 图形化管理工具创建存储过程。

操作步骤如下。

(1) 启动 Navicat 图形化管理工具,展开已连接的服务器节点 mytest,展开 studb,单击"函数"节点,选择"新建函数"选项,打开"f()函数向导"窗口,如图 9-1 所示。

视频讲解

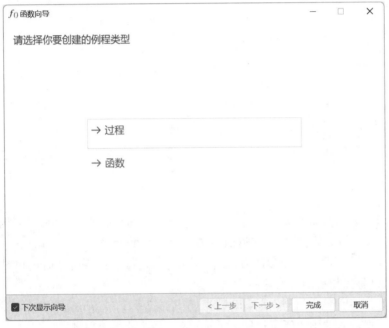

图 9-1 "f()函数向导"窗口

(2) 单击"过程"选项,输入存储过程参数(这一步可以不填写参数,在编写存储过程代码时设置参数),单击"完成"按钮,如图 9-2 所示。

(3) 根据需要修改模板中的语句,写完后单击"保存"按钮,输入存储过程名称即可。

2. 使用 SQL 语句创建存储过程

语法格式如下:

```
DELIMITER 自定义结束符号
CREATE PROCEDURE 存储过程名([IN,OUT,INOUT] 参数名 数据类型)
BEGIN
    SQL 语句
END 自定义结束符号
DELIMITER;
```

语法说明如下。

(1) IN:声明后面的参数为输入参数,允许参数在调用存储过程时将数据传入过程体

图 9-2 按照要求完成存储过程代码的编写

中使用。

(2) OUT：声明后面的参数为输出参数，输出参数的初始值为空值，用来把存储过程中的值保存到 OUT 指定的参数内，并返回给调用者。

(3) INOUT：声明后面的参数为输入输出参数，既可以在调用存储过程时将数据传入过程体，还可以将操作后的数据返回给调用者。

【例 9-2】 使用 SQL 语句在 studb 数据库中创建一个名为 proc_student 的存储过程。该存储过程根据输入的学生籍贯返回 student 表中相应的学生信息。

打开 MySQL 8.0 Command Line Client，输入以下语句：

```
DELIMITER $ $
CREATE PROCEDURE proc_student(IN proc_native char(8))
BEGIN
SELECT sno,sname,native
FROM student
WHERE native = proc_native;
END
$ $
```

执行结果如图 9-3 所示。

说明：DELIMITER $$ 的作用是将语句的结束符 ";" 改为 "$$"。在存储过程创建完后，应使用 "DELIMITER;" 语句将结束符修改为默认结束符。

```
mysql> DELIMITER $$
mysql> CREATE PROCEDURE proc_student(IN proc_native char(8))
    -> BEGIN
    -> SELECT sno,sname,native
    -> FROM student
    -> WHERE native= proc_native;
    -> END
    -> $$
Query OK, 0 rows affected (0.01 sec)
```

图 9-3　创建存储过程

9.3.2　调用存储过程

语法格式如下：

```
CALL 存储过程名([参数列表]);
```

【例 9-3】 执行例 9-2 中创建的存储过程。

打开 MySQL 8.0 Command Line Client，输入以下语句：

```
CALL proc_student('南京');
```

执行结果如图 9-4 所示。

```
mysql> DELIMITER ;
mysql> CALL proc_student('南京');
+-------+-------+-------+
| sno   | sname | native|
+-------+-------+-------+
| 21002 | 王鹏  | 南京  |
| 22001 | 张丰  | 南京  |
| 22006 | 赵小平| 南京  |
| 22111 | 柳烽  | 南京  |
+-------+-------+-------+
4 rows in set (0.01 sec)

Query OK, 0 rows affected (0.01 sec)
```

图 9-4　调用存储过程

9.3.3　查看存储过程

存储过程创建以后，可以通过 SHOW PROCEDURE STATUS 语句查看数据库中有哪些存储过程，也可以通过 SHOW CREATE PROCEDURE 语句查看存储过程的定义。

查看数据库中有哪些存储过程的语法格式如下：

```
SHOW PROCEDURE STATUS;
```

查看存储过程的定义语法格式如下：

```
SHOW CREATE PROCEDURE 存储过程名;
```

【例 9-4】 查看当前数据库中的存储过程。

打开 MySQL 8.0 Command Line Client，输入以下语句：

```
SHOW PROCEDURE STATUS;
```

【例9-5】 查看例9-2中创建的存储过程proc_student的详细信息。

打开MySQL 8.0 Command Line Client,输入以下语句:

```
SHOW CREATE PROCEDURE proc_student;
```

执行结果如图9-5所示。

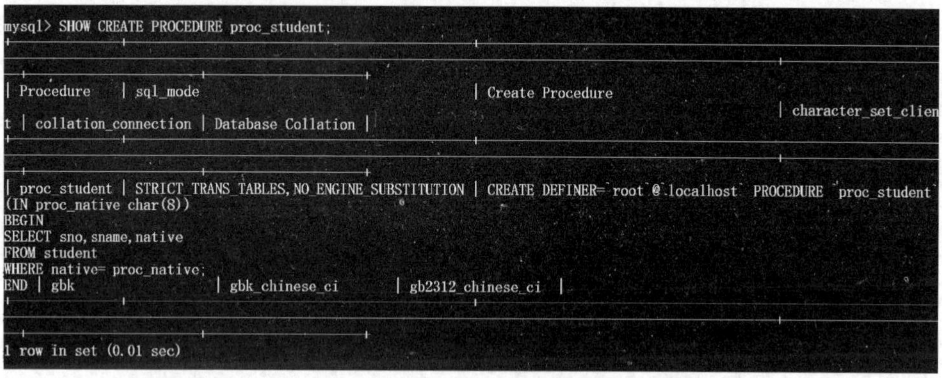

```
mysql> SHOW CREATE PROCEDURE proc_student;
...
| Procedure    | sql_mode                                  | Create Procedure                                                           | character_set_clien
t | collation_connection | Database Collation |
...
| proc_student | STRICT_TRANS_TABLES,NO_ENGINE_SUBSTITUTION | CREATE DEFINER=`root`@`localhost` PROCEDURE `proc_student`
(IN proc_native char(8))
BEGIN
SELECT sno,sname,native
FROM student
WHERE native= proc_native;
END | gbk               | gbk_chinese_ci       | gb2312_chinese_ci  |
...
1 row in set (0.01 sec)
```

图9-5 查看存储过程的详细信息

9.3.4 修改存储过程

在实际开发过程中,业务需求修改的情况时有发生,所以修改存储过程是不可避免的。MySQL中通过ALTER PROCEDURE语句来修改存储过程,语法格式如下:

```
ALTER PROCEDURE 存储过程名 [特征…];
```

语法说明如下。

特征指定了存储过程的特性,可能的取值如下。

- CONTAINS SQL:表示子程序包含SQL语句,但不包含读或写数据的语句。
- NO SQL:表示子程序中不包含SQL语句。
- READS SQL DATA:表示子程序中包含读数据的语句。
- MODIFIES SQL DATA:表示子程序中包含写数据的语句。
- SQL SECURITY {DEFINER|INVOKER}:指明谁有权限来执行。DEFINER表示只有定义者自己才能够执行;INVOKER表示调用者可以执行。
- COMMENT '注释内容':表示注释信息。

【例9-6】 使用SQL语句给存储过程proc_student添加注释信息"根据籍贯输出结果"。

打开MySQL 8.0 Command Line Client,输入以下语句:

```
ALTER PROCEDURE proc_student
COMMENT '根据籍贯输出结果';
```

执行结果如图9-6所示。

```
mysql> ALTER PROCEDURE proc_student
    -> COMMENT '根据籍贯输出结果';
Query OK, 0 rows affected (0.03 sec)
```

图9-6 修改存储过程

9.3.5 删除存储过程

使用 DROP PROCEDURE 语句删除数据库中已经存在的存储过程。语法格式如下：

```
DROP PROCEDURE [IF EXISTS] <存储过程名>;
```

语法说明如下。
IF EXISTS：指定这个关键字，用于防止因删除不存在的存储过程而引发错误。

【例 9-7】 使用 SQL 语句删除存储过程 proc_student。
打开 MySQL 8.0 Command Line Client，输入以下语句：

```
DROP PROCEDURE proc_student;
```

执行结果如图 9-7 所示。

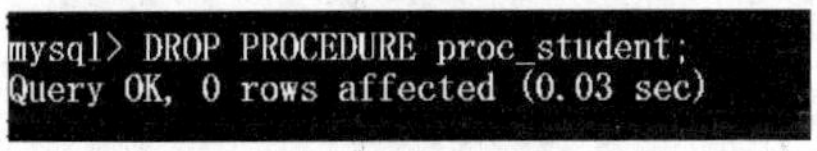

```
mysql> DROP PROCEDURE proc_student;
Query OK, 0 rows affected (0.03 sec)
```

图 9-7　删除存储过程

9.4 触发器的操作

9.4.1 创建触发器

可以使用 CREATE TRIGGER 语句创建触发器。语法格式如下：

```
CREATE TRIGGER <触发器名> < BEFORE|AFTER >
< INSERT|UPDATE|DELETE >
ON <表名> FOR EACH ROW <触发器主体>;
```

语法说明如下。

（1）触发器名：触发器的名称，触发器在当前数据库中必须具有唯一的名称。如果要在某个特定数据库中创建，名称前面应该加上数据库的名称。

（2）BEFORE | AFTER：BEFORE 和 AFTER，触发器被触发的时刻，表示触发器是在激活它的语句之前或之后触发。若希望验证新数据是否满足条件，则使用 BEFORE 选项；若希望在激活触发器的语句执行之后完成几个或更多的改变，则通常使用 AFTER 选项。

（3）INSERT|UPDATE|DELETE：触发事件，用于指定激活触发器的语句的种类。INSERT：将新行数据插入表时激活触发器。DELETE：从表中删除某一行数据时激活触发器。UPDATE：更改表中某一行数据时激活触发器。

（4）表名：与触发器相关联的表名，此表必须是永久性表，不能将触发器与临时表或视图关联起来。在该表上触发事件发生时才会激活触发器。同一个表不能拥有两个具有相同触发时刻和事件的触发器。

（5）FOR EACH ROW：一般是指行级触发，对于受触发事件影响的每一行都要激活触发器的动作。

(6) 触发器主体：触发器动作主体，包含触发器激活时将要执行的 MySQL 语句。如果要执行多条语句，可使用 BEGIN…END 复合语句结构。

【例 9-8】 对 studb 数据库中的 grade 表创建触发器 trigger_addgrade，用于检查添加的学生成绩是否填写规范，如果不符合规范，则返回错误信息进行报错。

打开 MySQL 8.0 Command Line Client，输入以下语句：

```
DELIMITER $ $
CREATE TRIGGER trigger_addgrade
    BEFORE INSERT ON grade
    FOR EACH ROW
    BEGIN
    IF NEW.score > 100 OR NEW.score < 0 THEN
    SIGNAL SQLSTATE '45000'
    SET MESSAGE_TEXT = '您输入的信息不符合要求';
END IF;
END
$ $
```

执行结果如图 9-8 所示。

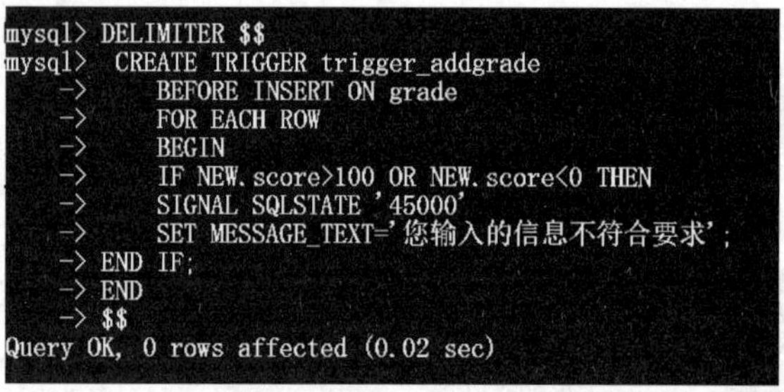

图 9-8 创建 BEFORE 触发器

输入以下语句：

```
INSERT INTO grade VALUES('22111','101','120');
```

执行结果如图 9-9 所示，命令行返回错误信息。

图 9-9 拒绝输入不符合要求的信息

输入以下语句：

```
INSERT INTO grade VALUES('22111','101','80');
```

执行结果如图 9-10 所示，允许输入符合要求的信息。

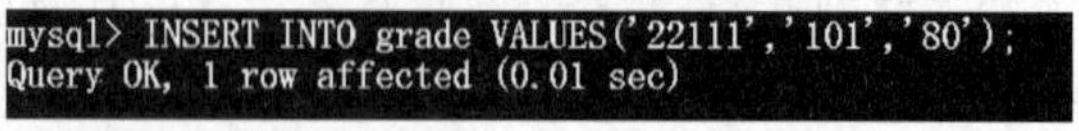

图 9-10 允许输入符合要求的信息

9.4.2 查看触发器

使用 SHOW TRIGGERS 语句查看触发器的基本信息,语法格式如下:

```
SHOW TRIGGERS;
```

【例 9-9】 使用 SQL 语句查看 studb 数据库中所有触发器的定义信息。

打开 MySQL 8.0 Command Line Client,输入以下语句:

```
USE studb
SHOW TRIGGERS;
```

执行结果如图 9-11 所示。

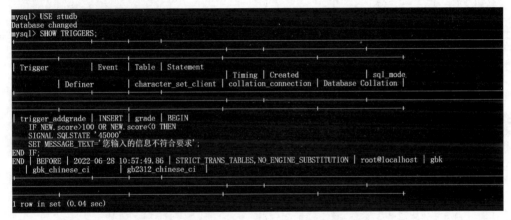

图 9-11 查看当前数据库中的触发器信息

9.4.3 删除触发器

使用 DROP TRIGGER 语句删除数据库中已经存在的触发器。语法格式如下:

```
DROP TRIGGER [IF EXISTS] <触发器名>;
```

语法说明如下。

IF EXISTS:指定这个关键字,用于防止因删除不存在的触发器而引发错误。

【例 9-10】 使用 SQL 语句删除触发器 trigger_addgrade。

打开 MySQL 8.0 Command Line Client,输入以下语句:

```
DROP TRIGGER trigger_addgrade;
```

执行结果如图 9-12 所示。

图 9-12 删除触发器

任务实训营

1. 任务实训目的
（1）掌握存储过程和触发器的基本知识。
（2）掌握使用SQL语句和Navicat图形化管理工具操作存储过程和触发器。

2. 任务实训内容
（1）使用SQL语句在studb学生管理数据库中创建一个名为s_student的存储过程，要求该存储过程返回Stu表中所有性别为"男"的学生信息。

（2）使用SQL语句调用(1)中创建的s_student存储过程。

（3）使用SQL语句在studb学生管理数据库中创建一个名为s_depart的存储过程，要求该存储过程返回Department表中系号是004的信息。

（4）使用SQL语句删除存储过程s_student。

（5）在studb学生管理数据库中的Stu表中创建一个触发器s_trigger，用于检查添加的学生性别是否填写规范，如果不符合规范，则返回错误信息进行报错。

（6）查看studb学生管理数据库中的触发器。

（7）删除(5)中创建的触发器。

 **项目小结**

本项目主要介绍存储过程与触发器的使用方法。

项目 10 备份与还原学生管理数据库

任务描述

（1）数据库中存在大量的重要数据时，如何防止用户误操作、硬件故障或自然灾害等造成的数据丢失或数据库瘫痪？

（2）有备份的数据库文件时，如何还原到被破坏前的数据库？

学习目标

（1）掌握：备份与还原数据库。

（2）了解：备份与还原的概念、备份的类型。

知识准备

10.1 备份概述

视频讲解

虽然数据库管理系统中采取了各种措施来保证数据库的安全性和完整性，但在实际应用中，可能由于软件错误、病毒、用户操作失误、硬件故障或自然灾害等，造成运行事务的异常中断，破坏了数据的正确性，导致数据丢失，甚至全部业务瘫痪。为防止这种情况的发生，数据备份成了数据的保护手段。确保数据的正确性和完整性，数据备份是非常必要的。

10.1.1 备份的概念

备份就是制作数据库结构、对象和数据的副本，存储在备份设备上，如磁盘或磁带，当数据库发生错误时，用户可以利用备份将数据库恢复。

10.1.2 备份的类型

1. 按照备份后的文件内容划分

按照备份后的文件内容，备份分为逻辑备份和物理文件备份。

1）逻辑备份

逻辑备份指备份后的文件内容是可读的，通常为文本文件，内容一般是 SQL 语句，或者是表内的实际数据。

2）物理文件备份

对数据库物理文件的备份，数据库既可以处于运行状态，也可以处于停止状态，恢复时间较短。

2. 按照备份数据库的内容划分

按照备份数据库的内容划分，备份分为完全备份、差异备份、增量备份和日志备份。

1）完全备份

完全备份即每次对数据进行完整的备份。可以备份整个数据库，包含用户表、系统表、索引、视图和存储过程等所有数据库对象。

2）差异备份

差异备份是在上一次完全备份的基础上，最新备份数据与第一次完全备份的差异。

3）增量备份

增量备份是备份数据库的一部分内容，包含自上次备份以来改变的数据库。

4）日志备份

二进制日志备份。

10.2　还原概述

还原是备份相对应的操作，数据备份后，当系统崩溃或发生错误时，就可以从备份文件中还原数据库。

还原是从一个或多个备份中还原数据，并在还原最后一个备份后，使数据库处于一致且可用的状态并使其在线的一组完整的操作。

　任务实施

在完成本项目任务前，请将样本数据库 studb 添加至 MySQL 8.0 中。

10.3　使用图形化管理工具备份与还原学生管理数据库

使用 Navicat 图形化管理工具可以备份和还原数据库。

10.3.1　使用图形化管理工具备份学生管理数据库

视频讲解

【例 10-1】　使用 Navicat 图形化管理工具备份 studb 数据库。

操作步骤如下。

（1）启动 Navicat 图形化管理工具，展开已连接的服务器节点 mytest，展开 studb，单击"备份"节点，如图 10-1 所示。

（2）单击"新建备份"命令，打开"新建备份"窗口，如图 10-2 所示。

（3）选择"新建备份"窗口中的"高级"标签，选中"压缩"和"使用指定文件名"复选框并在对应的文本框中输入备份数据库文件名 studb_backup，如图 10-3 所示。

项目10　备份与还原学生管理数据库

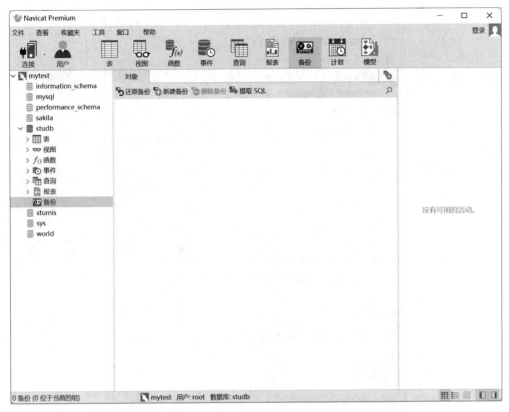

图 10-1　选择"备份"选项

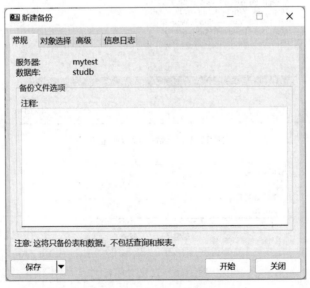

图 10-2　"新建备份"窗口

（4）单击"开始"按钮，开始进行数据备份，如图 10-4 所示。

（5）单击"保存"按钮，在弹出的"设置文件名"对话框中输入文件名 studb，如图 10-5 所示，单击"确定"按钮，完成备份操作。

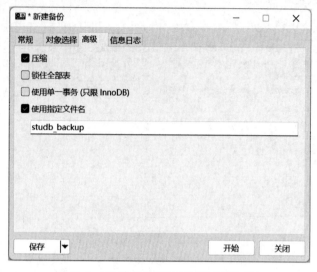

图 10-3 "新建备份"窗口的"高级"选项卡

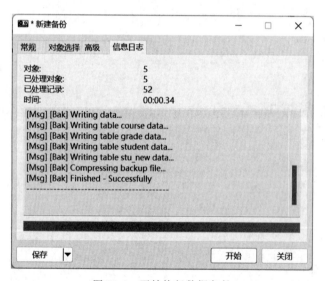

图 10-4 开始执行数据备份

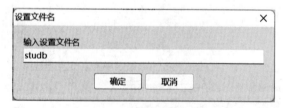

图 10-5 设置文件名

10.3.2 使用图形化管理工具还原学生管理数据库

【例 10-2】 使用 Navicat 图形化管理工具将例 10-1 中的备份文件 studb_backup 还原至数据库 studbnew 中。

操作步骤如下。

(1) 启动 Navicat 图形化管理工具,右击已连接的服务器节点 mytest,新建数据库 studbnew,展开 studbnew 数据库,选中 studbnew 的"备份"节点,单击"还原备份"按钮,弹出"打开"对话框,如图 10-6 所示。

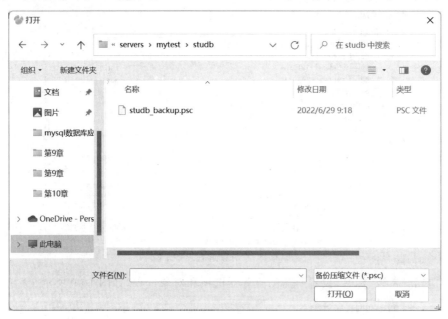

图 10-6 "打开"对话框

(2) 选择备份文件 studb_backup,单击"打开"按钮,打开"还原备份"窗口,如图 10-7 所示。

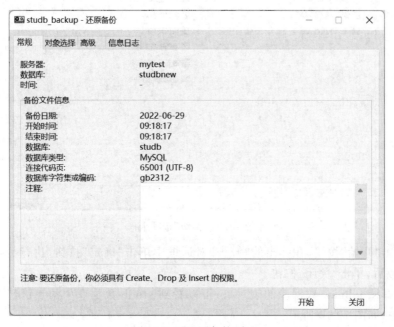

图 10-7 "还原备份"窗口

(3) 单击"对象选择"标签,选择待还原数据库对象,如图 10-8 所示。

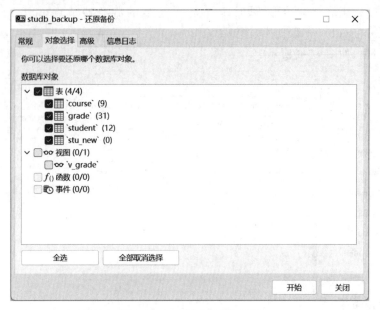

图 10-8 "对象选择"选项卡

(4) 单击"高级"标签,设置所需的服务器选项和对象选项,如图 10-9 所示。

图 10-9 "高级"选项卡

(5) 单击"开始"按钮,在弹出的"警告"对话框中单击"确定"按钮,执行数据库还原操作,执行完成后,单击"关闭"按钮。

(6) 选择 studbnew 数据库的表对象,可以看到 studb 数据库中的表已经全部还原至 studbnew 中,如图 10-10 所示。

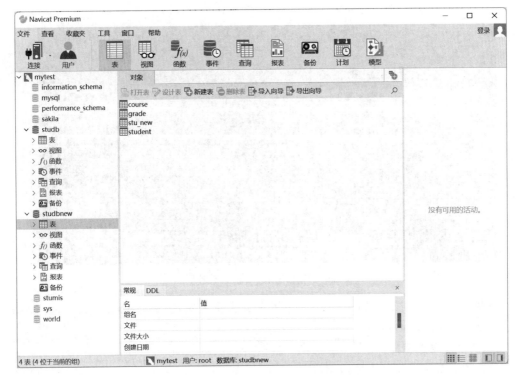

图 10-10　成功执行还原操作

10.4　使用语句备份与还原学生管理数据库

10.4.1　使用语句备份学生管理数据库

使用 MYSQLDUMP 命令备份一个数据库的语法格式如下：

```
MYSQLDUMP -u用户名 -p用户密码 数据库名 [表名1,表名2…]> 备份文件名
```

语法说明如下。

（1）数据库名：表示需要备份的数据库名称。

（2）表名：表示数据库中需要备份的数据表，可以指定多个数据表。省略该参数时，会备份整个数据库。

（3）备份文件名：表示备份文件的名称，文件名前面可以加绝对路径。通常将数据库备份成一个扩展名为.sql 的文件。

【例 10-3】　使用 MYSQLDUMP 命令备份 studb 数据库，并将备份好的文件保存至 D 盘根目录，文件名为 studb1.sql。

打开 MySQL 8.0 Command Line Client，输入以下语句：

```
MYSQLDUMP -uroot -p123456 studb > D:\studb1.sql
```

执行结果如图 10-11 所示。

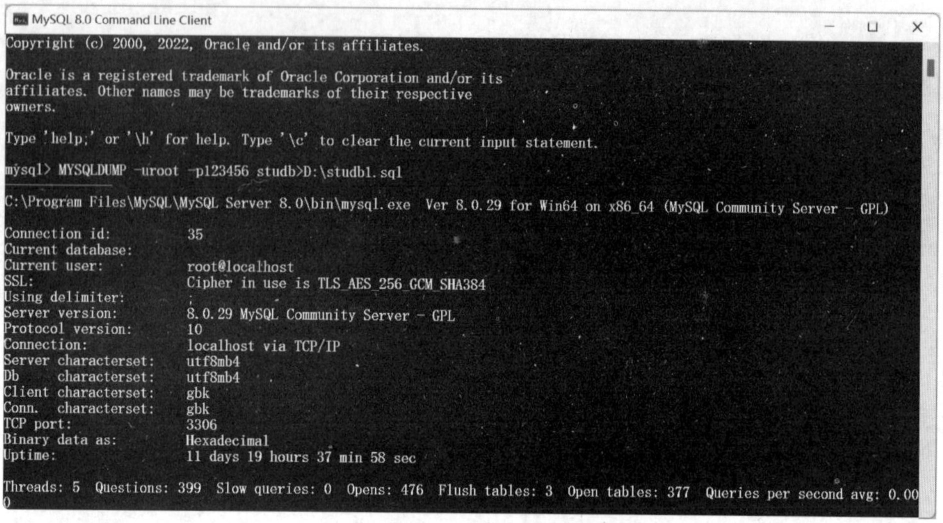

图 10-11 使用命令备份一个数据库

说明：在 MySQL 8.0 Command Line Client 中使用 MYSQLDUMP 命令，需要在系统环境变量中将 bin 所在路径添加进去。

1. 备份所有数据库

语法格式如下：

```
MYSQLDUMP -u用户名 -p用户密码 -all-databases > 备份文件名
```

【例 10-4】 备份所有数据库，备份文件名为 stu.sql。

打开 MySQL 8.0 Command Line Client，输入以下语句：

```
MYSQL -uroot -p123456 -all-databases > D:\stu.sql
```

执行结果如图 10-12 所示。

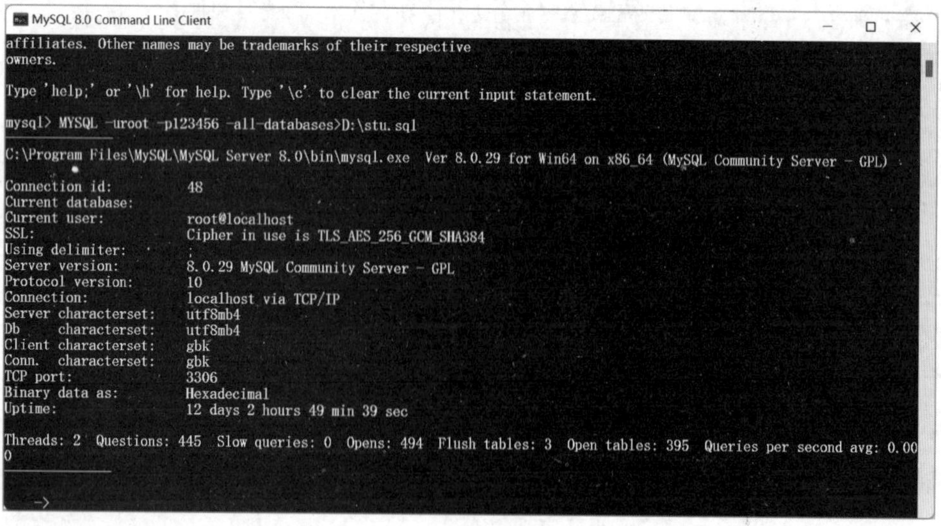

图 10-12 备份所有数据库

2. 备份多个数据库

语法格式如下：

```
MYSQLDUMP -u用户名 -p用户密码 -databases 数据库名1 数据库名2… > 备份文件名
```

【例 10-5】 备份 studb 和 studbnew 数据库，备份文件名为 stu1.sql。

打开 MySQL 8.0 Command Line Client，输入以下语句：

```
MYSQL -uroot -p123456 -databases studb studbnew > D:\stu1.sql
```

执行结果如图 10-13 所示。

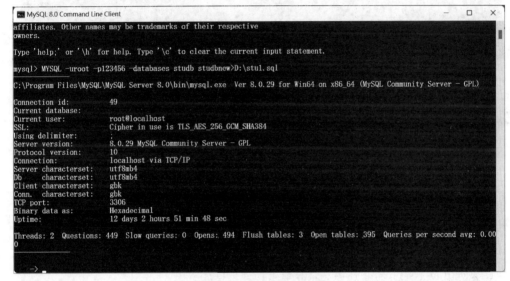

图 10-13 备份多个数据库

10.4.2 使用语句还原学生管理数据库

在 MySQL 中，可以使用 MYSQL 命令来还原备份的数据库，语法格式如下：

```
MYSQL -u用户名 -p用户密码 [数据库名] < 备份文件名
```

【例 10-6】 将例 10-3 中的备份文件 studb1.sql 还原成数据库 studb1。

首先，创建一个文件名为 studb1 的数据库，然后打开 MySQL 8.0 Command Line Client，输入以下语句：

```
MYSQL -uroot -p123456 studb1 < D:\studb1.sql
```

执行结果如图 10-14 所示。

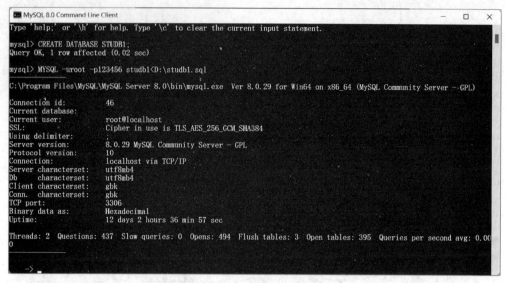

图 10-14　成功还原数据库 studb1

 任务实训营

1. 任务实训目的

（1）理解备份和还原的概念。

（2）掌握数据库备份和还原的方法。

2. 任务实训内容

（1）使用 Navicat 图形化管理工具备份和还原 studb 学生管理数据库。

（2）使用 MYSQLDUMP 命令备份 studb 学生管理数据库。

（3）使用 MYSQL 命令还原 studb 学生管理数据库。

 项目小结

本项目介绍数据备份和还原的概念、备份的类型、备份数据库的方法和还原数据库的方法。

项目 11

学生管理数据库安全性维护

（1）如何给数据库创建用户？
（2）如何给用户分配相应的权限？

学习目标

掌握：创建数据库用户，分配用户权限。

知识准备

11.1 MySQL 的安全性

数据库的安全性是指允许具有数据访问权限的用户能够登录到 MySQL 服务器，并进行其权限范围内的数据相关操作。MySQL 的安全系统允许以多种不同的方式创建用户和设置用户权限。

任务实施

11.2 使用图形化管理工具管理数据库用户

可以使用 Navicat 图形化管理工具管理数据库用户。

11.2.1 创建用户

【例 11-1】 使用 Navicat 图形化管理工具创建用户 user1。
操作步骤如下。
（1）启动 Navicat 图形化管理工具，连接服务器节点 mytest，单击工具栏上的"用户"图标，单击"新建用户"命令，打开新建用户窗口，如图 11-1 所示。
（2）输入用户名 user1，主机名 localhost，密码 123456，单击"保存"按钮即可。

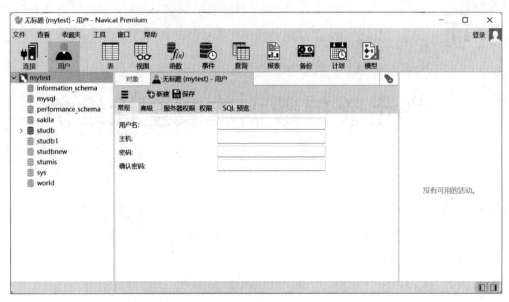

图 11-1　新建用户窗口

11.2.2　修改用户名和密码

【例 11-2】　使用 Navicat 图形化管理工具修改例 11-1 中创建的 user1 用户名为 user1_new，密码更改为 654321。

操作步骤如下。

（1）启动 Navicat 图形化管理工具，连接服务器节点 mytest，单击工具栏上的"用户"图标，如图 11-2 所示。

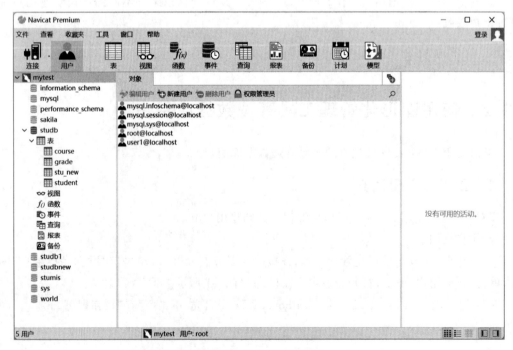

图 11-2　单击"用户"图标

(2)双击 user1@localhost 选项,在"用户名"文本框中输入 user1_new,"密码"文本框中输入 654321,单击"保存"按钮即可。

11.2.3 删除用户

【例 11-3】 使用 Navicat 图形化管理工具删除例 11-2 中的用户 user1_new。

操作步骤如下。

(1)启动 Navicat 图形化管理工具,连接服务器节点 mytest,单击工具栏上的"用户"按钮,选中 user1_new@localhost 选项,单击"删除用户"按钮,如图 11-3 所示。

图 11-3 "删除用户"窗口

(2)弹出"确认删除"对话框,单击"删除"按钮即可。

11.3 使用语句管理用户

11.3.1 创建用户

可以使用 SQL 语句创建一个或多个 MySQL 用户,并设置相应的密码,语法格式如下:

```
CREATE USER <用户名> IDENTIFIED BY[PASSWORD]<密码>;
```

语法说明如下。

(1)用户名:指定创建用户账号,格式为用户名@主机名,主机名指用户连接 MySQL 时所用主机的名字。如果在创建的过程中只给出了用户名,而没指定主机名,那么主机名默认为"%",表示一组主机,即对所有主机开放权限。

(2) IDENTIFIED BY:用于指定用户密码。新用户可以没有初始密码,若该用户不设密码,可省略此子句。

(3) PASSWORD:表示指定散列密码,该参数可选。若使用明文设置密码,则忽略PASSWORD关键字;若不以明文设置密码,而且知道PASSWORD()函数返回给密码的散列值,则指定此散列值,但需要加上PASSWORD关键字。

使用 CREATE USER 语句时应注意以下几点。

(1) 使用 CREATE USER 语句可以不指定初始密码。但是从安全的角度来说,不推荐这种做法。

(2) 使用 CREATE USER 语句必须拥有 MySQL 数据库的 INSERT 权限或全局 CREATE USER 权限。

(3) 使用 CREATE USER 语句创建一个用户后,MySQL 会在 MySQL 数据库的 user 表中添加一条新记录。

(4) 使用 CREATE USER 语句可以同时创建多个用户,多个用户用逗号隔开。

【例 11-4】 使用 SQL 语句创建用户 user1,密码为 123456,主机是 localhost。

打开 MySQL 8.0 Command Line Client,输入以下语句:

```
CREATE USER user1@localhost IDENTIFIED BY '123456';
```

执行结果如图 11-4 所示。

```
mysql> CREATE USER user1@localhost IDENTIFIED BY '123456';
Query OK, 0 rows affected (0.02 sec)
```

图 11-4 创建用户

11.3.2 修改用户名

可以使用 SQL 语句修改一个或多个已存在的 MySQL 用户账号,语法格式如下:

```
RENAME USER <旧用户> TO <新用户>;
```

语法说明如下。

(1) <旧用户>:系统中已经存在的 MySQL 用户账号。

(2) <新用户>:新的 MySQL 用户账号。

使用 RENAME USER 语句时应注意以下几点。

(1) RENAME USER 语句用于对原有的 MySQL 用户进行重命名。

(2) 若系统中旧账户不存在或者新账户已存在,该语句执行时会出现错误。

(3) 使用 RENAME USER 语句,必须拥有 MySQL 数据库的 UPDATE 权限或全局 CREATE USER 权限。

【例 11-5】 使用 SQL 语句将例 11-4 中创建的用户名 user1 修改为 usernew,主机为 localhost。

打开 MySQL 8.0 Command Line Client,输入以下语句:

```
RENAME USER user1@localhost TO usernew@localhost;
```

执行结果如图 11-5 所示。

```
mysql> RENAME USER user1@localhost TO usernew@localhost;
Query OK, 0 rows affected (0.02 sec)
```

图 11-5 修改用户名

11.3.3 修改用户密码

可以使用 SQL 语句修改用户的登录密码,语法格式如下:

```
SET PASSWORD FOR <用户名> = '新密码';
```

语法说明如下。

用户名的值必须以用户名@主机名的格式描述。

【例 11-6】 使用 SQL 语句将用户 usernew 的密码修改为 654321。

打开 MySQL 8.0 Command Line Client,输入以下语句:

```
SET PASSWORD FOR usernew@localhost = '654321';
```

执行结果如图 11-6 所示。

```
mysql> SET PASSWORD FOR usernew@localhost= '654321';
Query OK, 0 rows affected (0.01 sec)
```

图 11-6 修改用户密码

11.3.4 删除用户

可以使用 SQL 语句删除一个或多个用户以及相应的权限,语法格式如下:

```
DROP USER <用户名 1> [ , <用户名 2> ]…
```

使用 DROP USER 语句应注意以下几点。

(1) DROP USER 语句可用于删除一个或多个用户,并撤销其权限。

(2) 使用 DROP USER 语句必须拥有 MySQL 数据库的 DELETE 权限或全局 CREATE USER 权限。

(3) 在 DROP USER 语句的使用中,若没有明确地给出账户的主机名,则该主机名默认为"%"。

(4) 用户的删除不会影响他们之前所创建的表、索引或其他数据库对象。

【例 11-7】 使用 SQL 语句删除用户 usernew。

打开 MySQL 8.0 Command Line Client,输入以下语句:

```
DROP USER usernew@localhost;
```

执行结果如图 11-7 所示。

```
mysql> DROP USER usernew@localhost;
Query OK, 0 rows affected (0.02 sec)
```

图 11-7　删除用户

11.4　使用图形化管理工具管理数据库权限

在完成本项目任务前,请将样本数据库 studb 添加至 MySQL 8.0 中。

11.4.1　授予权限

【例 11-8】　使用 Navicat 图形化管理工具创建用户 user1,为其授予数据库 studb 的所有权限。

操作步骤如下。

(1) 启动 Navicat 图形化管理工具,连接服务器节点 mytest。

(2) 参照例 11-1 创建用户 user1。

(3) 双击 user1@localhost 用户,单击"权限"标签,如图 11-8 所示。

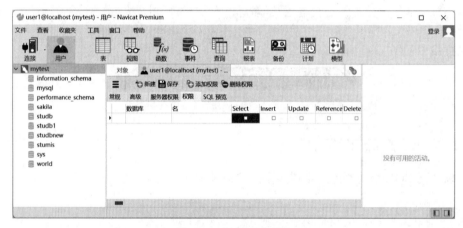

图 11-8　"权限"选项卡

(4) 单击"添加权限"按钮,打开"添加权限"对话框,勾选 studb 数据库,如图 11-9 所示。

(5) 将窗口右边所有的权限"状态"复选框勾上,单击"确定"按钮,返回"用户"窗口,单击"保存"按钮即可。

【例 11-9】　使用 Navicat 图形化管理工具创建用户 user2,给用户 user2 授予 studb 数据库中 student 表的所有权限。

操作步骤如下。

(1) 启动 Navicat 图形化管理工具,连接服务器节点 mytest。

(2) 参照例 11-1 创建用户 user2。

(3) 双击 user2@localhost 用户,单击"权限"标签,单击"添加权限"按钮,打开"添加权限"对话框。

(4) 展开 studb 数据库,再展开 Tables,勾选 student 复选框,如图 11-10 所示。

(5) 勾选窗口右边所有权限的"状态"复选框,如图 11-11 所示。

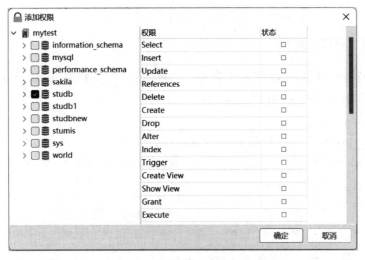

图 11-9 "添加权限"对话框 1

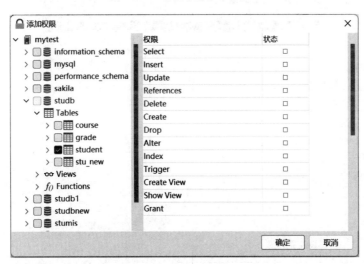

图 11-10 "添加权限"对话框 2

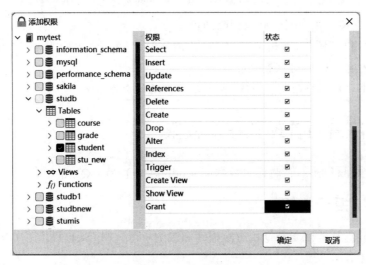

图 11-11 勾选权限

(6)单击"确定"按钮,返回"用户"窗口,单击"保存"按钮即可。

11.4.2 删除权限

【例 11-10】 使用 Navicat 图形化管理工具删除用户 user2 的 student 表的所有权限,删除用户 user1 的数据库 studb 的所有权限。

操作步骤如下。

(1)启动 Navicat 图形化管理工具,连接服务器节点 mytest,单击"用户"图标。

(2)双击 user2@localhost 用户,单击"权限"标签,选中 student 表,如图 11-12 所示。

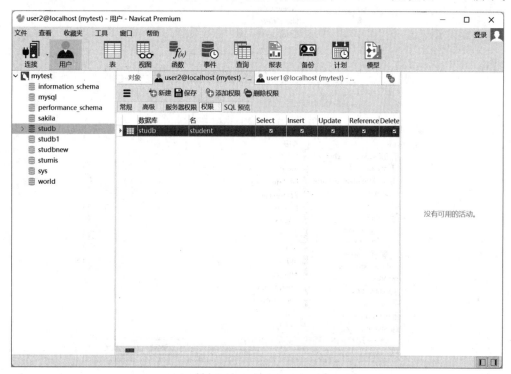

图 11-12 选中表 student

(3)单击"删除权限"按钮,确认删除即可。

(4)单击"用户"图标,双击 user1@localhost 用户,选择"权限"标签,选中 studb 数据库,单击"删除权限"按钮,确认删除即可。

提示:将上述例题中的用户删除,便于后面例题的操作。

11.5 使用语句管理数据库权限

在完成本项目任务前,请将样本数据库 studb 添加至 MySQL 8.0 中。

11.5.1 授予权限

可以为新建的用户赋予查询所有数据库和表的权限。MySQL 提供了 GRANT 语句来为用户设置权限。

在 MySQL 中，拥有 GRANT 权限的用户才可以执行 GRANT 语句，其语法格式如下：

```
GRANT <权限类型> [(字段名)] ON <对象> TO <用户>
[WITH 参数 [参数]…];
```

语法说明如下。

(1) 字段名：表示权限作用于哪些列上，省略该参数时，表示作用于整个表。

(2) 对象：用于指定权限的级别。

(3) 用户：表示用户账户，由用户名和主机名构成，格式是用户名@主机名。

WITH 关键字后面带有一个或多个参数。这个参数有五个选项，详细介绍如下。

(1) GRANT OPTION：被授权的用户可以将这些权限赋予其他用户。

(2) MAX_QUERIES_PER_HOUR 次数：设置每小时可以允许执行几次查询。

(3) MAX_UPDATES_PER_HOUR 次数：设置每小时可以允许执行几次更新。

(4) MAX_CONNECTIONS_PER_HOUR 次数：设置每小时可以建立几个连接。

(5) MAX_USER_CONNECTIONS 次数：设置单个用户可以同时具有几个连接。

可以授予的权限有如下几组。

(1) 列权限：和表中的一个具体列相关。

(2) 表权限：和一个具体表中的所有数据相关。

(3) 数据库权限：和一个具体的数据库中的所有表相关。

(4) 用户权限：和 MySQL 中所有的数据库相关。

对应地，在 GRANT 语句中可用于指定权限级别的值有以下几类格式。

(1) *：表示当前数据库中的所有表。

(2) *.*：表示所有数据库中的所有表。

(3) db_name.*：表示某个数据库中的所有表，db_name 指定数据库名。

(4) db_name.tbl_name：表示某个数据库中的某个表或视图，db_name 用于指定数据库名，tbl_name 用于指定表名或视图名。

(5) db_name.routine_name：表示某个数据库中的某个存储过程或函数，routine_name 用于指定存储过程名或函数名。

【例 11-11】 使用 SQL 语句创建用户 user2，密码为 123456，授予该用户对 studb 数据库的所有数据具有查询、修改的权限，并授予 GRANT 权限。

打开 MySQL 8.0 Command Line Client，输入以下语句：

```
CREATE USER user2@localhost IDENTIFIED BY '123456';

GRANT SELECT,UPDATE ON studb.* TO user2@localhost
WITH GRANT OPTION;
```

视频讲解

执行结果如图 11-13 所示。

图 11-13 授予数据库权限

【例 11-12】 使用 SQL 语句创建用户 user3,密码为 123456,授予该用户对 studb 数据库中 student 表的 SELECT 权限。

打开 MySQL 8.0 Command Line Client,输入以下语句:

```
CREATE USER user3@localhost IDENTIFIED BY '123456';

USE studb
GRANT SELECT ON student TO user3@localhost;
```

执行结果如图 11-14 所示。

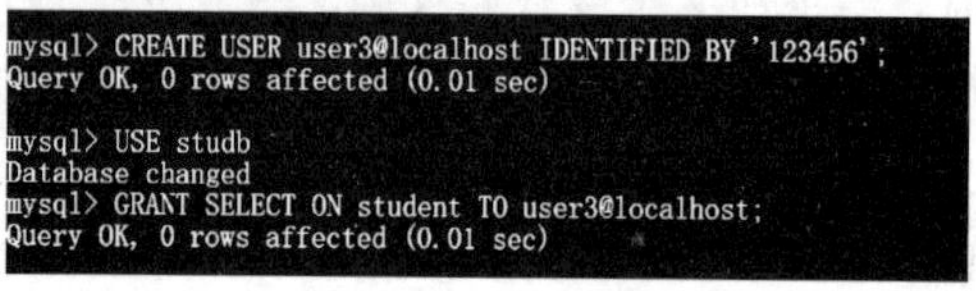

图 11-14 授予表权限

【例 11-13】 使用 SQL 语句创建用户 user4,密码为 123456,授予该用户对 studb 数据库中的 student 表上的 sno、sname 列的 UPDATE 权限。

打开 MySQL 8.0 Command Line Client,输入以下语句:

```
CREATE USER user4@localhost IDENTIFIED BY '123456';

USE studb
GRANT UPDATE(sno,sname) ON student TO user4@localhost;
```

执行结果如图 11-15 所示。

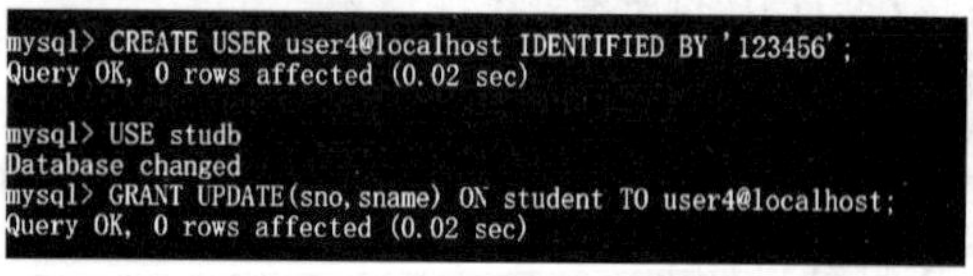

图 11-15 授予列权限

【例 11-14】 使用 SQL 语句创建用户 user5,密码为 123456,授予该用户对所有数据库中所有表的 ALTER、DROP 权限。

打开 MySQL 8.0 Command Line Client,输入以下语句:

```
CREATE USER user5@localhost IDENTIFIED BY '123456';

GRANT ALTER,DROP ON *.* TO user5@localhost;
```

执行结果如图 11-16 所示。

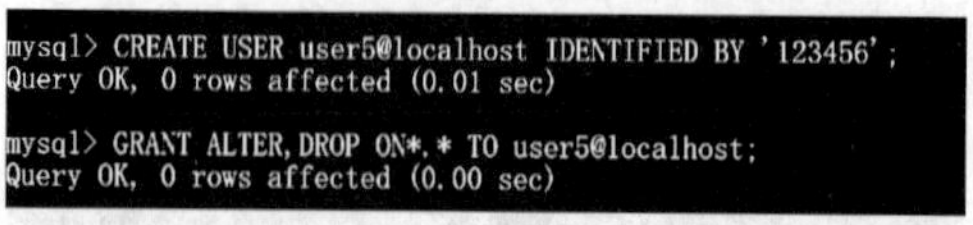

图 11-16 授予用户权限

11.5.2 删除权限

在 MySQL 中,可以使用 REVOKE 语句删除某个用户的某些权限(此用户不会被删除),在一定程度上可以保证系统的安全性。

使用 REVOKE 语句删除权限的语法格式有两种形式。

删除用户某些特定的权限,语法格式如下:

```
REVOKE <权限类型>[(字段名)]…ON <对象类型><权限名> FROM <用户名1>[,<用户名2>]…
```

REVOKE 语句中的参数与 GRANT 语句的参数意思相同。

删除特定用户的所有权限,语法格式如下:

```
REVOKE ALL PRIVILEGES, GRANT OPTION FROM <用户名1>[,<用户名2>]…
```

删除用户权限需要注意以下几点。

REVOKE 语法和 GRANT 语句的语法格式相似,但具有相反的效果。

要使用 REVOKE 语句,必须拥有 MySQL 数据库的全局 CREATE USER 权限或 UPDATE 权限。

【例 11-15】 使用 SQL 语句删除用户 user3 的 studb 数据库中 student 表的 SELECT 权限。

打开 MySQL 8.0 Command Line Client,输入以下语句:

```
REVOKE SELECT ON student FROM user3@localhost;
```

执行结果如图 11-17 所示。

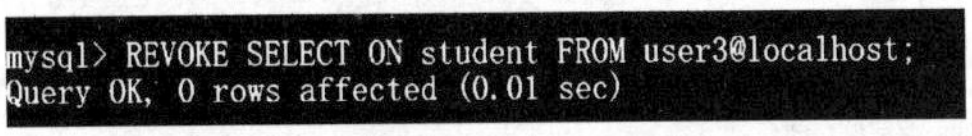

```
mysql> REVOKE SELECT ON student FROM user3@localhost;
Query OK, 0 rows affected (0.01 sec)
```

图 11-17 删除 user3 的表权限

【例 11-16】 使用 SQL 语句删除用户 user4 对 studb 数据库中的 student 表上的 sno、sname 列的 UPDATE 权限。

打开 MySQL 8.0 Command Line Client,输入以下语句:

```
REVOKE UPDATE(sno,sname) ON student FROM user4@localhost;
```

执行结果如图 11-18 所示。

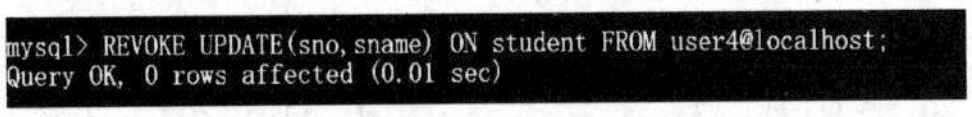

```
mysql> REVOKE UPDATE(sno,sname) ON student FROM user4@localhost;
Query OK, 0 rows affected (0.01 sec)
```

图 11-18 删除 user4 的列权限

【例 11-17】 使用 SQL 语句删除用户 user2 对 studb 数据库的所有数据具有的查询、修改权限。

打开 MySQL 8.0 Command Line Client,输入以下语句:

```
REVOKE SELECT,UPDATE ON studb.* FROM user2@localhost;
```

执行结果如图 11-19 所示。

```
mysql> REVOKE SELECT,UPDATE ON studb.* FROM user2@localhost;
Query OK, 0 rows affected (0.01 sec)
```

图 11-19　删除 user2 的数据库权限

【例 11-18】 使用 SQL 语句删除用户 user5 的所有权限。

打开 MySQL 8.0 Command Line Client，输入以下语句：

```
REVOKE ALL PRIVILEGES,GRANT OPTION FROM user5@localhost;
```

执行结果如图 11-20 所示。

```
mysql> REVOKE ALL PRIVILEGES,GRANT OPTION FROM user5@localhost;
Query OK, 0 rows affected (0.02 sec)
```

图 11-20　收回 user5 的所有权限

任务实训营

1. 任务实训目的

（1）掌握使用图形化管理工具和 SQL 语句创建用户、修改用户和修改密码的方法。

（2）掌握使用图形化管理工具和 SQL 语句授予用户权限和删除用户权限的方法。

2. 任务实训内容

（1）使用 Navicat 图形化管理工具创建用户 usertest1，设置密码为 123456。

（2）使用 Navicat 图形化管理工具修改用户 usertest1 为 usertest1_new，密码更改为 654321。

（3）使用 Navicat 图形化管理工具删除用户 usertest1_new。

（4）使用 SQL 语句创建用户 usertest1，密码为 123456，主机为 localhost。

（5）使用 SQL 语句将用户 usertest1 的密码修改为 654321。

（6）使用 SQL 语句删除用户 usertest1。

（7）使用 Navicat 图形化管理工具创建用户 usertest2，为其授予 studb 学生管理数据库的所有权限。

（8）使用 Navicat 图形化管理工具创建用户 usertest3，为其授予 studb 学生管理数据库中 Stu 表的所有权限。

（9）使用 Navicat 图形化管理工具删除用户 usertest3 的 Stu 表的所有权限，删除用户 usertest2 的 studb 学生管理数据库的所有权限。

（10）使用 SQL 语句创建用户 usertest4，密码为 123456，授予该用户对 studb 学生管理数据库的所有数据具有添加、修改的权限。

（11）使用 SQL 语句创建用户 usertest5，密码为 123456，授予该用户对 studb 学生管理数据库中 Stu 表的 SELECT 权限。

（12）使用 SQL 语句删除用户 usertest4 对 studb 学生管理数据库的所有数据的添加、修改的权限。

（13）使用 SQL 语句删除用户 usertest5 的所有权限。

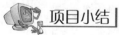

项目小结

本项目介绍用户管理和权限管理的方法。

参 考 文 献

[1] 秦昉,罗晓霞,刘颖.数据库原理与应用(MySQL 8.0)(微课视频+题库版)[M].北京:清华大学出版社,2022.
[2] 郑阿奇.MySQL 教程[M].2版.北京:清华大学出版社,2021.
[3] 周德伟,覃国蓉.MySQL 数据库技术[M].2版.北京:高等教育出版社,2019.
[4] 郎振红,曹志胜,丁明浩,等.MySQL 数据库基础与应用教程(微课版)[M].北京:清华大学出版社,2021.
[5] 李锡辉,王敏.MySQL 数据库技术与项目应用教程(微课版)[M].2版.北京:人民邮电出版社,2022.
[6] 徐丽霞,郭维树,袁连海.MySQL 8 数据库原理与应用(微课版)[M].北京:电子工业出版社,2020.
[7] 钱冬云,潘益婷,吴刚,等.MySQL 数据库应用项目教程[M].北京:清华大学出版社,2019.
[8] 曲彤安,王秀英,廖旭金.数据库原理及 MySQL 应用(微课视频版)[M].北京:清华大学出版社,2022.
[9] 刘凯立,张巧英.MySQL 数据库教程[M].西安:西安电子科技大学出版社,2019.

图书资源支持

感谢您一直以来对清华版图书的支持和爱护。为了配合本书的使用,本书提供配套的资源,有需求的读者请扫描下方的"书圈"微信公众号二维码,在图书专区下载,也可以拨打电话或发送电子邮件咨询。

如果您在使用本书的过程中遇到了什么问题,或者有相关图书出版计划,也请您发邮件告诉我们,以便我们更好地为您服务。

我们的联系方式:

清华大学出版社计算机与信息分社网站:https://www.shuimushuhui.com/

地　　址:北京市海淀区双清路学研大厦 A 座 714

邮　　编:100084

电　　话:010-83470236　010-83470237

客服邮箱:2301891038@qq.com

QQ:2301891038(请写明您的单位和姓名)

资源下载: 关注公众号"书圈"下载配套资源。

资源下载、样书申请

书圈

图书案例

清华计算机学堂

观看课程直播